普通高等学校"十四五"规划电子信息类系列精品教材

电工电子技能
创新实训项目教程

◎ 王建华 王庐山 祝丰菊 编著

U0642139

华中科技大学出版社
http://press.hust.edu.cn
中国·武汉

内 容 简 介

本书是应用电子技术专业基于工作过程系统化教学的实践课程教材,介绍了在装配电子产品过程中需要掌握的知识和技能,"教学做"相结合,突出了职业能力的培养。

全书包括安全用电、常用电子元器件检测、电子产品生产工艺、电子产品焊接理论等几个内容,并配套一个 51 单片机组装综合实训项目,这样安排有利于学生自主完成电子产品装配任务,极大地提高装配技能。

本书可作为高职院校应用电子技术专业及其他相近专业"电工电子技能创新"实训课程教学指导用书,还可以作为电子制造企业职工培训辅导教材。

图书在版编目(CIP)数据

电工电子技能创新实训项目教程/王建华,王庐山,祝丰菊编著. —武汉:华中科技大学出版社,2023.10
ISBN 978-7-5772-0150-4

Ⅰ.①电…　Ⅱ.①王…　②王…　③祝…　Ⅲ.①电工技术-高等职业教育-教材　②电子技术-高等职业教育-教材　Ⅳ.①TM　②TN

中国国家版本馆 CIP 数据核字(2023)第 197195 号

电工电子技能创新实训项目教程　　　　　　　王建华　　王庐山　　祝丰菊　编著
Diangong Dianzi Jineng Chuangxin Shixun Xiangmu Jiaocheng

策划编辑:杜　雄　汪　粲
责任编辑:余　涛
封面设计:刘　卉
责任监印:周治超
出版发行:华中科技大学出版社(中国·武汉)　　　电话:(027)81321913
　　　　　武汉市东湖新技术开发区华工科技园　　　邮编:430223
录　　排:武汉市洪山区佳年华文印部
印　　刷:武汉科源印刷设计有限公司
开　　本:787mm×1092mm　1/16
印　　张:11.75
字　　数:262 千字
版　　次:2023 年 10 月第 1 版第 1 次印刷
定　　价:55.00 元

前言

自 2006 年教育部发布教高〔2006〕16 号文件后，全国高职院校都开始转向以基于工作过程的行动体系课程改革，为配合我院的教学改革，应用电子技术专业部分老师根据我院的实际教学条件和学生的具体情况，编写了《电工电子技能创新实训项目教程》。

本书共有七个项目，涵盖了安全用电、常用电子元器件检测、电子产品生产工艺、电子产品焊接理论等几个方面，并配套一个 51 单片机组装综合实训项目，学做结合，不仅可以激发学生装配电子产品的兴趣，提高学生自主学习专业课程的积极性，还可以极大提高其装配电子产品的技能。

本书由湖北工业职业技术学院王建华、王庐山、祝丰菊老师主编，其中项目一由祝丰菊老师编写，项目二、三、四、五、七由王建华老师编写，项目六由王庐山老师编写，全书由王建华老师负责审核、编辑、校对。

本书可作为高职院校应用电子技术专业及其他相近专业"电工电子技能创新"实训课程教学指导用书，还可以作为电子制造企业职工培训辅导教材，参与教学的老师可以根据具体实训条件及课时要求选择其中部分项目实施。

本书在编写过程中还得到了其他老师和出版社编辑的亲切指导，在此一并表示衷心的感谢。

鉴于编者的水平有限，书中难免会有错误和不足之处，恳请广大使用者批评指正，以便及时修正，编者不甚感激！

编者
2023 年 6 月

目录

项目一 安全用电 / 1

学习任务一 安全用电基础知识 / 1
1.1.1 电流对人体的伤害 / 1
1.1.2 安全防护 / 4
学习任务二 触电急救 / 6
学习任务三 电气火灾与防护 / 10
1.3.1 电气火灾 / 10
1.3.2 防止电气火灾的措施 / 11

项目二 电子产品生产工艺简介 / 13

学习任务一 电子产品生产工艺概论 / 13
2.1.1 电子工艺 / 13
2.1.2 电子产品生产 / 15
学习任务二 电子产品生产工艺文件与管理 / 17
2.2.1 技术文件 / 17
2.2.2 工艺文件管理 / 20
学习任务三 电子产品生产工艺制定与管理 / 20
2.3.1 工艺制定 / 20
2.3.2 工艺管理 / 21
2.3.3 电子新产品开发 / 22
学习任务四 电子产品整机装配与调试工艺 / 22
2.4.1 电子产品整机装配 / 22
2.4.2 总装的基本原则和基本要求 / 23
2.4.3 电子产品整机调试 / 24
2.4.4 电子产品整机故障排除 / 25

项目三 常用电子元器件识别与检测 / 29

学习任务一 电阻元件识别与检测 / 29
3.1.1 电阻器的符号和作用 / 29

3.1.2　电阻器结构　　　　　　　　　　　/ 29

3.1.3　电阻器分类　　　　　　　　　　　/ 30

3.1.4　电阻器的主要特征参数　　　　　　/ 34

3.1.5　电阻器的型号及命名方法　　　　　/ 35

3.1.6　电阻器元件识别　　　　　　　　　/ 36

3.1.7　电阻元件检测　　　　　　　　　　/ 38

学习任务二　电容元件识别与检测　　　　　/ 41

3.2.1　电容元件的基础知识　　　　　　　/ 41

3.2.2　常用电容器　　　　　　　　　　　/ 43

3.2.3　电容元件的主要特征参数　　　　　/ 47

3.2.4　电容元件型号及命名方法　　　　　/ 48

3.2.5　电容元件识别　　　　　　　　　　/ 48

3.2.6　电容元件检测　　　　　　　　　　/ 49

学习任务三　电感元件识别与检测　　　　　/ 52

3.3.1　电感元件的基础知识　　　　　　　/ 52

3.3.2　电感元件的主要特征参数　　　　　/ 54

3.3.3　电感元件型号及命名方法　　　　　/ 55

3.3.4　电感元件识别　　　　　　　　　　/ 55

3.3.5　电感元件检测　　　　　　　　　　/ 57

3.3.6　变压器　　　　　　　　　　　　　/ 57

3.3.7　继电器　　　　　　　　　　　　　/ 61

学习任务四　半导体元件识别与检测　　　　/ 64

3.4.1　半导体元件　　　　　　　　　　　/ 64

3.4.2　半导体二极管　　　　　　　　　　/ 66

3.4.3　半导体三极管　　　　　　　　　　/ 72

3.4.4　场效应管　　　　　　　　　　　　/ 80

项目四　焊接技术　　　　　　　　　　　　/ 84

学习任务一　焊接常用的工具和材料　　　　/ 84

4.1.1　焊接工具　　　　　　　　　　　　/ 84

4.1.2　焊接常用材料　　　　　　　　　　/ 86

学习任务二　手工焊接技术　　　　　　　　/ 88

4.2.1　电烙铁的握法　　　　　　　　　　/ 88

4.2.2　焊点基本要求　　　　　　　　　　/ 89

4.2.3　焊接前的准备工作　　　　　　　　/ 89

4.2.4　焊接步骤和注意事项　　　　　　　/ 90

4.2.5　焊接质量检查　　　　　　　　　　/ 92

项目五　常用测量仪器设备使用　/ 94

　　学习任务一　万用表的使用　/ 94
　　　5.1.1　指针式万用表　/ 94
　　　5.1.2　数字万用表　/ 98
　　学习任务二　示波器的使用　/ 102
　　　5.2.1　示波器的简介　/ 102
　　　5.2.2　示波器的使用　/ 104
　　学习任务三　信号发生器的使用　/ 108
　　　5.3.1　信号发生器的简介　/ 108
　　　5.3.2　信号发生器的使用　/ 109

项目六　DIY-51 单片机套件装配与调试　/ 111

　　学习任务一　51 单片机套件元器件清点与检测　/ 111
　　学习任务二　DIY-51 单片机套件装配　/ 116
　　学习任务三　DIY-51 单片机套件功能调试　/ 129
　　　6.3.1　软件安装　/ 129
　　　6.3.2　功能调试　/ 139

项目七　电子测量技术　/ 164

　　学习任务一　电子测量技术简介　/ 164
　　　7.1.1　电子测量概述　/ 164
　　　7.1.2　电子测量的基本程序　/ 166
　　学习任务二　测量误差及误差处理　/ 167
　　　7.2.1　测量误差　/ 167
　　　7.2.2　测量误差处理　/ 169
　　学习任务三　有效数字处理　/ 171
　　　7.3.1　有效数字　/ 171
　　　7.3.2　近似数运算　/ 172

附件　DIY-51 单片机电路原理图　/ 174

参考文献　/ 180

项目一　安全用电

学习任务一　安全用电基础知识

1.1.1　电流对人体的伤害

1. 电流对人体的伤害

人体触及带电体，或人体接近带电体都会有电流流过人体而对人体造成伤害，这称为触电。按照对人体伤害的不同，触电可分为电击、电伤、电磁场生理伤害。

1）电击

电流通过人体或动物体会引起病理、生理效应，进而损伤人体内部器官（如心脏、呼吸器官、神经系统等）或组织，乃至死亡。

当流过人体电流小于 10 mA（有效值，以下同）时，人体受到的损害程度较轻，仅仅是机体组织受到刺激，肌肉不由自主地发生痉挛而造成伤害；但电流超过 10 mA 且不大于 25 mA 时，人体的心脏、肺部神经系统的正常工作受到破坏，时间过长就会危及生命，这种情况下，电击致伤的部位主要在人体内部，而在人体外部不会留下明显痕迹。但是当通过人体的电流超过 30 mA 时，就会引起心室颤动或心脏停止跳动，导致呼吸中止，这就是所谓的电休克。电休克是机体受到电流的强烈刺激后，发生强烈的神经系统反射，使血液循环、呼吸及其他新陈代谢都发生障碍，并且抑制神经系统功能，出现血压急剧下降、脉搏减弱、呼吸衰竭、神志昏迷的现象。电休克状态可以延续数十分钟到数天，如果获得及时有效的治疗就会痊愈，否则会因重要生命机能完全丧失而死亡。当流过人体的电流超过 50 mA 时，就有可能导致严重烧伤甚至死亡。

2) 电伤

电伤是指电流对人体外部造成局部伤害,即由电流的热效应、化学效应、机械效应对人体外部组织或器官的伤害。电伤会在人体表面留下明显的伤痕,但其伤害作用可能深入体内。与电击相比,电伤属局部性伤害。电伤的危险程度取决于受伤面积、受伤深度、受伤部位等因素。

电伤包括电烧伤、电烙印、皮肤金属化、机械损伤、电光眼等多种伤害。

电烧伤是最常见的电伤。大部分电击事故都会造成电烧伤,电烧伤可分为电流灼伤和电弧烧伤。电流越大、通电时间越长,电流途径的电阻越小,则电流灼伤越严重。由于人体与带电体接触的面积一般都不大,加之皮肤电阻又比较高,使得皮肤与带电体的接触部位产生较多的热量而受到严重的灼伤。因为接近高压带电体接触的面积一般都不大,加之皮肤电阻又比较高,使得皮肤与带电体的接触部位产生较多的热量而受到严重的灼伤。当电流较大时,可能灼伤皮下组织。因为接近高压带电体时会发生击穿放电,所以电流灼伤一般发生在低压电气设备上,往往数百毫安的电流即可导致灼伤,数安的电流将造成严重的灼伤。

电烙印是电流通过人体后,在接触部位留下的斑痕。斑痕处皮肤变硬,失去原有弹性和色泽,表层坏死,失去知觉。

皮肤金属化是金属微粒渗入皮肤造成的。受伤部位变得粗糙而张紧。皮肤金属化多在弧光放电时发生,而且一般都伤在人体的裸露部位。当发生弧光放电时,与电弧烧伤相比,皮肤金属化不是主要伤害。

电光眼表现为角膜和结膜发炎。在弧光放电时,红外线、可见光、紫外线都可能损伤眼睛。对于短暂的照射,紫外线是引起电光眼的主要原因。

3) 电磁场生理伤害

我们生活的空间充斥着无数个电磁场,其中某些微弱的磁场可以促使体内生命细胞分子进行化学反应,用以保持细胞电位的稳定平衡,使人类的生命能够正常运行,所以一般情况,小功率的电磁场对我们影响不大。但是当外界的磁场超过人体所能够适应的强度,人体的细胞就会发生非规律性演变,导致人体局部产生病灶。

超强电磁场的辐射对人体的损伤非常大,而这种灾害往往无法看到,但是却能导致接触者产生超越常规的病态和不健康的心态,典型的损伤表现为以下三个方面。

(1) 中枢神经系统:中枢神经系统对电磁场的辐射作用较为敏感,多次作用有可能会出现头痛头晕、记忆力减退以及失眠多梦等症状,部分患者甚至表现为短时间记忆力减退。

(2) 机体免疫功能和血液系统:电磁场可能会对机体免疫功能、血液系统造成危害,使患者机体抵抗力降低,人体的白细胞吞噬细菌的能力也会受到明显的影响,相关功能会出现显著下降情况。受到电磁场长期作用后,机体相关抗体形成也会受到抑制,白细胞以及红细胞等血液成分的生成受到抑制,会出现网状红细胞的减少。

(3) 生殖系统和遗传方面:长期接触超强电磁场的人,可能会降低甚至失去生育能力;孕妇长期接触超强电磁场,会使胎儿畸形,甚至会诱发遗传基因变异。

但是,有弊就有利,随着科学的进步,人类在不断地探索怎么利用电磁波为人类健康服务。近些年来,科学家们发明的核磁共振(特殊放射性元素与磁场结合)成像技术就是人类利用电磁波服务自身健康的典范,它已经成为一种新型普适性的影像检查技术;最近科学家们还发现不同频率的电磁辐射对人的身体会产生不同的影响,比如,医学中的磁疗方法能够使人的病态得到好转,也能够增强人体的抗疾病能力。

2. 电流对人体危害程度的有关因素

电流对人体的危害程度与通过人体的电流强度(大小)、电流频率、通电持续时间、电流通过人体的部位(途径)以及触电者的身体状况等多种因素有关。其中,通过人体电流的大小对触电者的伤害程度起决定性作用。

1) 电流强度

通过人体的电流越大,人体的生理反应越强烈,对人体的伤害就越大。一般情况下,人体能够承受的安全电压为 36 V,安全电流为 10 mA。当人体电阻一定时,人体接触的电压越高,通过人体的电流就越大,对人体的损害也就越严重。按照人体对电流的生理反应强弱和电流对人体的伤害程度,电流大致分为感知电流、摆脱电流和致命电流。

2) 电流通过人体的持续时间

触电致死的生理现象是心室颤动。电流通过人体的持续时间越长,越容易引起心室颤动,触电的后果也越严重。这一方面是由于通电时间越长,能量积累越多,较小的电流通过人体就可以引起心室颤动;另一方面是由于心脏在收缩与舒张的时间间隙(约 0.1 s)内对电流最为敏感,通电时间一长,心室颤动的可能性也就越大。此外,通电时间一长,电流的热效应和化学效应将会使人体出汗和组织电解,从而使人体电阻逐渐降低,流过人体的电流逐渐增大,使触电伤害更加严重。

3) 电流频率

人体对不同频率电流的生理敏感性不同,因而不同种类的电流对人体的伤害程度也就有区别。工频电流对人体的伤害最为严重(男性平均摆脱电流为 10 mA);直流电流对人体的伤害则较轻(男性平均摆脱电流为 76 mA);高频电流对人体的伤害程度远不及工频交流电严重,故临床医学上有利用高频电流作为理疗手段,但电压过高的高频电流仍会使人触电致死。

人体对不同种类、不同时间电流的触电反应情况如表 1-1 所示。

表 1-1 人体对交直流电流触电反应情况对照表

电流/mA	通电时间	人体反应(交流电(50 Hz))	人体反应(直流电)
0～0.5	连续	无感觉	无感觉
0.5～5	连续	有麻刺、疼痛感,无痉挛	无感觉
5～10	数分钟内	痉挛、剧痛,但可摆脱电源	有针刺、压迫及灼热感
10～30	数分钟内	迅速麻痹,呼吸困难,不能自由活动	压痛、刺痛,灼热强烈,抽搐
30～50	数秒至数分钟	心跳不规则,昏迷,强烈痉挛	感觉强烈,剧痛痉挛
50～100	超过 3 s	心室颤动,呼吸麻痹,心脏麻痹而停跳	剧痛,强烈痉挛,呼吸困难或麻痹

4）电流通过人体的途径

电流取任何途径通过人体都可以致人死亡。电流通过心脏、中枢神经（脑部和脊髓）、呼吸系统是最危险的。因此，从左手到前胸是最危险的电流路径，这时心脏、肺部、脊髓等重要器官都处于电路内，很容易引起心室颤动和中枢神经失调而死亡；从右手到脚的途径的危险性要小些，但会因痉挛而摔伤；从右手至左手的危险性又比右手到脚要小些；危险性最小的电流途径是从脚至脚，但触电者可能因痉挛而摔倒，导致电流通过全身或二次事故。

5）人体健康状况

试验研究表明，触电危险性与人体状况有关。触电者的性别、年龄、健康状况、精神状态和人体电阻都会对触电后果产生不同影响。例如，一个患有心脏病、结核病、内分泌器官疾病的人，由于自身的抵抗力低下，会使触电后果更为严重。

处在精神状态不良、心情忧郁或醉酒中的人，触电的危险性也较大。相反，一个身心健康，经常从事体育锻炼的人，触电的后果相对来说会轻一些。妇女、老年人以及体重较轻的人耐受电流刺激的能力也相对要弱一些，他们触电的后果也比青壮年男子更为严重。

1.1.2 安全防护

1. 触电形式

根据人体接触带电体的方式，触电主要有单相触电、双相触电、跨步电压触电三种基本形式。

1）单相触电

单相触电是指人体某一部分触及一相电源或触到漏电的电气设备，电流通过人体流入大地造成触电，如图 1-1（a）所示。触电事故中大部分属于单相触电。

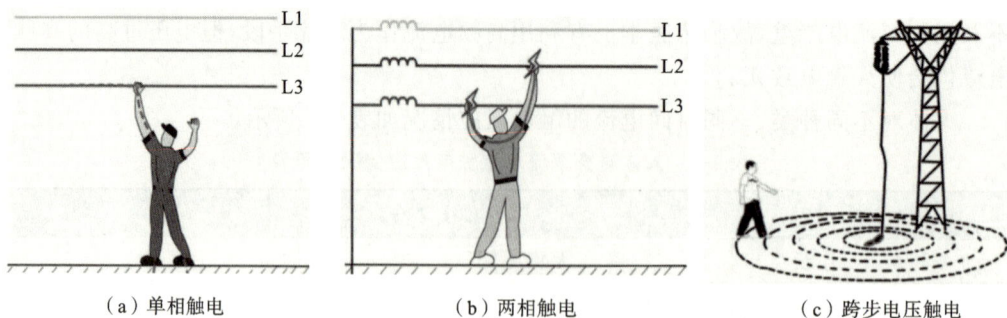

（a）单相触电　　　　　　　（b）两相触电　　　　　　　（c）跨步电压触电

图 1-1　触电的基本形式

2）两相触电

两相触电是人体的两个部分分别触及两根相线，如图 1-1（b）所示，这时人体承受的电压为 380 V(线电压),危险性比单相触电更大,但这种情况不常见。

3) 跨步电压触电

在高压电网接地点或高压火线断落到地下,就会有电流流入地下,强大的电流在接地点周围的地面上产生电压降。当人走近接地点附近时,两脚因站在不同的电位上而承受跨步电压,即两脚之间有电位差,如图 1-1(c)所示,跨步电压使电流通过人体而造成伤害。因此,当高压电导线断落在地面时,应立即将故障地点隔离,不能随便触及,也不能在附近走动。

若已步入跨步电压区,则采取单脚或双脚并拢方式迅速跳出危险区域。

2. 安全用电保护措施

1) 与带电设备或设施保持安全距离

为了防止人体触电,应与带电设备或设施保持安全距离。安全距离除用于防止触电外,还能起到防止火灾、防止混线、方便操作的作用。

2) 安全电压

由于触电对人体的危害性极大,为了保障人身安全,使触电者能够自行脱离电源,各国都规定了安全操作电压。

我国详细规定了以下场合的不同安全电压值(50～500 Hz 的交流电压的额定值):

(1) 喷涂作业或粉尘环境使用手提照明灯时应采用 36 V 或以下安全电压;

(2) 电击危险环境中手持照明灯采用 36 V 或 24 V 安全电压;

(3) 金属容器、隧道、潮湿环境中手持照明灯采用 12 V 安全电压;

(4) 水下作业应采用 6 V 安全电压。

同时还规定了安全电压在任何情况下都不得超过 50 V(有效值);当电器设备采用 24 V 以上的安全电压时,必须有防止人体触电的保护措施。

3) 安装漏电保护装置

当用电设备或供电设施漏电时,线路上的电压或电流就会出现异常,漏电保护装置(器)就自动切断故障电路的电源。

4) 保护接地和保护接零

(1) 保护接地。

为了保障人身安全,避免发生触电事故,需要将电气设备不带电的金属部分(如外壳等)与接地装置实行良好的金属性连接,这种方式称为保护接地,简称接地。图 1-2(a)所示的是一种防止触电的基本技术措施,使用相当普遍。

人体若触及漏电设备外壳,因人体电阻与接地电阻相并联,且人体电阻比接地电阻大很多,由于分流作用,通过人体的电流将比流经接地电阻的要小得多,对人体的危害程度也就极大地减小了,如图 1-2(b)所示。

注意,保护接地宜用于中性点不接地的低压系统。

(2) 保护接零。

将电气设备不带电的金属部分用导线直接与低压配电系统的零线相连接,这种方式

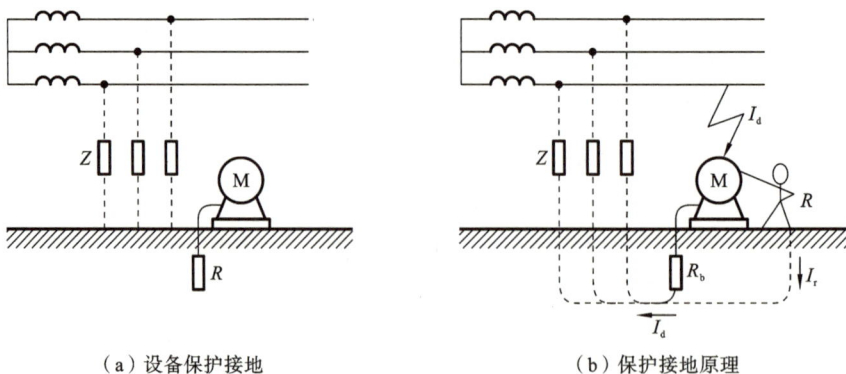

（a）设备保护接地　　　　　　　（b）保护接地原理

图 1-2　保护接地原理图

称为保护接零,简称接零。在有保护接零的低压系统中,如果电气设备一旦发生了单相碰壳漏电故障,便形成一个短路回路。因该回路内不包含工作接地电阻与保护接地电阻,整个回路的阻抗就很小,回路电流必将很大,足以保证在很短的时间内使熔丝熔断,保护装置自动跳闸,从而切断电源,保障了人身安全,具体电路如图 1-3 所示。

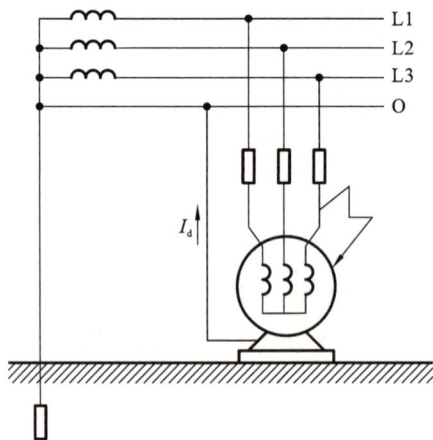

图 1-3　工作接地和保护接零

学习任务二　触电急救

1. 触电现场急救原则

人体触电后,电流通过心脏,很容易造成触电者心脏骤停,并伴随中枢神经麻痹、呼吸暂停,短时间的心脏骤停、呼吸暂停是可以通过治疗或有效的手段恢复,如果救助不及时,就容易导致触电者死亡,所以触电后要对触电者现场急救。

现场急救的原则是:迅速、就地、准确、坚持。

（1）迅速。要动作迅速，切不可惊慌失措，要争分夺秒、千方百计地使触电者脱离电源，并将触电者移到安全的地方。

（2）就地。要争取时间，在现场（安全地方）就地抢救触电者。

（3）准确。抢救的方法和施行的动作姿势要正确。

（4）坚持。急救必须坚持到底，直至医务人员判定触电者已经死亡，再无法抢救时，才能停止抢救。

2. 触电急救措施

人触电以后，会出现神经麻痹、呼吸困难、血压升高、昏迷、痉挛，直至呼吸中断、心脏停搏等险象，呈现昏迷不醒的状态。这时应施行急救，即用最快的速度，施以正确的方法进行现场救护，多数触电者是可以复活的。

触电急救的第一要领是迅速使触电者脱离电源，然后再现场救护，具体方法如下。

（1）使触电者脱离电源。

电流对人体的作用时间越长，对生命的威胁就越大。所以，触电急救的关键是首先要使触电者迅速脱离电源，不然会造成触电者进一步伤害。

（2）现场救护。

触电者脱离电源后，应立即就地进行抢救，并同时派人通知医务人员到现场救助。

（3）急救措施。

如果触电者呈现休克现象，则应立即按心肺复苏法就地抢救。所谓心肺复苏法就是支持生命的三项基本措施，即通畅气道、口对口（鼻）人工呼吸、胸外按压（人工循环）。

① 通畅气道。

若触电者呼吸停止，要紧的是始终确保气道通畅，其操作要领如下：

第一步　清除口中异物。

使触电者仰面躺在平硬的地方，迅速解开其领扣、围巾、紧身衣和裤带。如发现触电者口内有食物、假牙、血块等异物，迅速用一个手指或两个手指交叉从口角处插入，从中取出异物，操作中要注意防止将异物推到咽喉深处。

第二步　采用仰头抬颌法通畅气道。

操作时，救护人用一只手放在触电者前额，另一只手将其颏颌骨向上抬起，两手协同将头部推向后仰，舌根自然随之抬起，气道即可畅通，具体操作过程如图 1-4 所示。气道是否畅通如图 1-5 所示，为使触电者头部后仰，可于其颈部下方垫适量厚度的物品，但严禁用枕头或其他物品垫在触电者头下，因为头部抬高前倾会阻塞气道，还会使施行胸外按压时流向脑部的血量减少，甚至完全消失。

② 口对口（鼻）人工呼吸。

救护人在完成气道通畅的操作后，应立即对触电者施行口对口或口对鼻人工呼吸。人工呼吸的操作要领如图 1-6 所示。

第一步　先大口吹气刺激起搏。

救护人蹲跪在触电者的左侧或右侧，用放在触电者额上的手指捏住其鼻翼，另一只

图1-4　仰头抬颌法

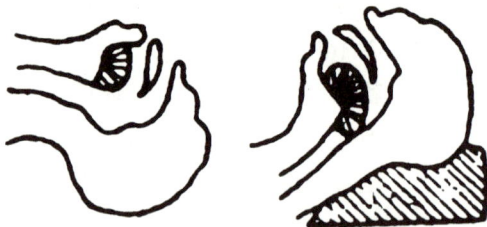

（a）　　　　　　　　　　（b）

图1-5　气道畅通的检测方法

（a）口对口人工呼吸法　　　　　　　　（b）口对鼻人工呼吸法

图1-6　人工呼吸

手的食指和中指轻轻托住其下巴；救护人深吸气后，与触电者口对口紧合，在不漏气的情况下，先连续大口吹气两次，每次1～1.5 s；然后用手指测试触电者颈动脉是否有搏动，如仍无搏动，可判断心跳确已停止，在施行人工呼吸的同时应进行胸外按压。

第二步　正常口对口人工呼吸。

大口吹气两次测试颈动脉搏动后，立即转入正常的口对口人工呼吸阶段。正常的吹气频率是每分钟约12次（儿童15次/分，注意每次吹气量）。正常的口对口人工呼吸操作姿势如图1-6所示。但吹气量不需过大，以免引起胃膨胀，如触电者是儿童，吹气量宜小些，以免肺泡破裂。救护人换气时，应将触电者的鼻或口放松，让他借自己胸部的弹性自动吐气。吹气和放松时要注意触电者胸部有无起伏的呼吸动作。吹气时如有较大的阻力，可能是头部后仰不够，应及时纠正，使气道保持畅通。

第三步　触电者如牙关紧闭，可改行口对鼻人工呼吸。吹气时要注意将触电者嘴唇紧闭，防止漏气。

③ 胸外按压。

胸外按压是借助人力使触电者恢复心脏跳动的急救方法。其成功与否在于选择正确的按压位置和采取正确的按压姿势。

胸外按压前先要确定触电者是否还有脉搏（有心跳就有脉搏），然后再迅速确定正确的按压位置。

确定触电者是否还有脉搏：

触摸触电者的颈动脉（喉结旁 2～3 cm），可以很轻松地感知动脉血管的跳动（颈动脉血管粗且正常时血液流量大），如图 1-7 所示。

确定正确的按压位置：

第一步　右手的食指和中指沿触电者的右侧肋弓下缘向上，找到肋骨和胸骨接合处的中点（按压部位为胸骨中段 1/3 与下段 1/3 交界处）。

第二步　右手两手指并齐，中指放在切迹中点（剑突底部），食指平放在胸骨下部，另一只手的掌根紧挨食指上缘置于胸骨上，掌根处即为正确按压位置，如图 1-8 所示。

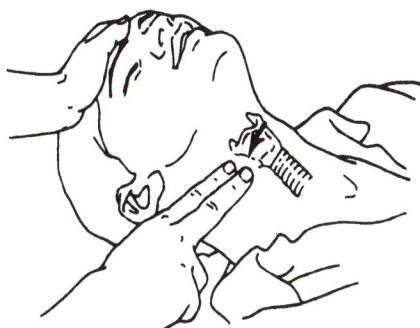

图 1-7　判断是否有脉搏

图 1-8　快速确定按压部位

正确的按压姿势（见图 1-9）：

第一步　使触电者仰面躺在平硬的地方并解开其衣服。

第二步　救护人立或跪在触电者一侧肩旁，两肩位于触电者胸骨正上方，两臂伸直，肘关节固定不屈，两手掌相叠，手指翘起，不接触触电者胸壁。

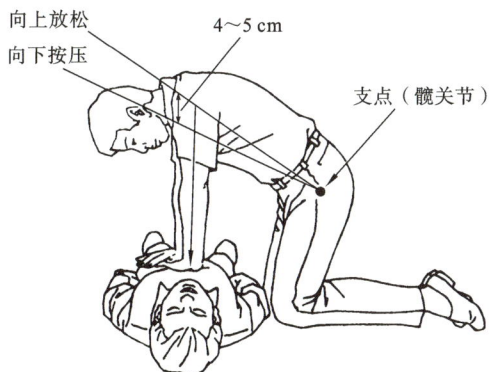

图 1-9　正确的按压姿势与用力方法

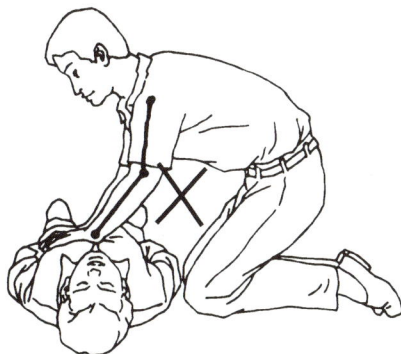

图 1-10　不正确的按压姿势与用力方法

第三步　以髋关节为支点，利用上身的重力，垂直将正常成人胸骨压陷 3～5 cm（儿童和瘦弱者酌减）。成人胸骨下陷 4～5 cm，儿童 3 cm，婴儿 2 cm。

第四步　压至要求程度后,立即全部放松,但救护人的掌根不得离开触电者的胸壁,按压要平稳,有规则,不能间断,不能冲击猛压。

不正确的按压姿势与用力方法如图 1-10 所示。

恰当的按压频率:

第一　胸外按压要以均匀速度进行。操作频率以每分钟 80 次为宜(成人每分钟80～100 次;儿童每分钟 100 次),每次包括按压和放松一个循环,按压和放松的时间相等。

第二　当胸外按压与口对口(鼻)人工呼吸同时进行时,操作的节奏为:应该是先进行 30 下胸外按压,再人工呼吸 2 次,而后反复进行。

3．触电急救注意事项

(1)动作一定要快,尽量缩短触电者的带电时间。

(2)切不可用手或金属和潮湿的导电物体直接触碰触电者的身体或与触电者接触的电线,以免引起抢救人员自身触电。

(3)解脱电源的动作要用力适当,防止因用力过猛将带电电线击伤在场的其他人员。

(4)在帮助触电者脱离电源时,应注意防止触电者摔伤。

(5)进行人工呼吸或胸外按压抢救时,不得轻易中断。

学习任务三　电气火灾与防护

1.3.1　电气火灾

1．电气火灾形成的原因

电气火灾的形成有直接原因,也有间接原因。

1)电气火灾形成的直接原因

(1)电路短路。

当电气设备或线路发生短路时,电路中的电流强度将急剧增加,其电流值是正常工作电流的几倍,甚至是几十倍。该电流产生的热量致使电气设备的温度迅速上升,导致绝缘损坏、燃烧并造成火灾。

(2)过载。

电气设备在运行中的电流超过允许值(额定值)时,称为过载。当电气设备长时间过载,就会使电气设备和导线过热,也会导致绝缘损坏、燃烧造成火灾。

(3)接触电阻过大。

如果导线之间连接不好,使接触电阻增大,就会产生过热现象,接触处会产生火花而形成火灾。

（4）断路产生的电弧、电火花引燃易燃物质，造成火灾。

（5）漏电是因绝缘破坏导致不同电位导体间的不正常电流，导致线路发热和绝缘层绝缘性能下降，最终发生短路。漏电可分为相间漏电和对地漏电。

2）电气火灾形成的间接原因

（1）电气设备设计不合理、选用设备不当。

（2）使用不合理，如长时间过载运行、设备在故障情况下运行。

（3）电气设备散热不好、维护不及时。有些设备绝缘老化、导线锈蚀或破损。

2. 电气火灾扑救

1）电气火灾扑救原则

发生电气火灾，首先应立即拨打 119 火警电话报警，向公安消防部门求助，并同时采取自救；需要特别注意的是，为防止触电事故，扩大损害，一般都是先切断电源后才进行扑救。电源切断后，扑救方法与一般火灾扑救方法相同。

2）带电灭火时的注意事项

有时在危急的情况下，如等待切断电源后再进行扑救，就会有使火势蔓延扩大的危险，或者断电后会严重影响生产。这时为了取得扑救的主动权，扑救就需要在带电的情况下进行，带电灭火时应注意以下几点：

（1）必须在确保安全的前提下进行，应用不导电的灭火剂如二氧化碳、干粉等进行灭火。不能直接用导电的灭火剂如直射水流、泡沫等进行喷射，否则会造成触电事故。

（2）使用干粉灭火器灭火时，由于其射程较近，要注意保持一定的安全距离。

（3）在灭火人员穿戴绝缘手套和绝缘靴、水枪喷嘴安装接地线情况下，可以采用喷雾水灭火。

（4）如遇带电导线落于地面，要防止跨步电压触电，扑救人员需要进入灭火时，必须穿上绝缘鞋。

此外，有油的电气设备如变压器着火时，也可用干燥的砂土灭火。

1.3.2 防止电气火灾的措施

电气火灾是由于电气设备或线路故障和异常引起的火灾，所以日常我们需要做到以下几点，以防止发生电气火灾。

（1）勿乱接乱拆家用电线和电器。在使用电器前，应认真阅读电器的使用说明，不要随意拆卸和绕线，以免出现电线老化、短路、接触不良等故障问题。

（2）勿私拉乱接电线。家庭电线及固定电器应由专业电工安装，如有问题应及时查找并解决；勿私自拆换或改动，避免电线缆松脱、短路等发生。

（3）勿使用质量差、未经安全合格检验的电器和电线。在使用电气设备时，应选择品质可靠且符合国家标准的电线、电器，并在必要时进行安全合格检验。

（4）勿随意扩大家庭用电负荷。家庭电气设备根据用电量设计，如要拓展用电量，应合法安装并增加配电盘数量。

（5）勿用导电器材接触空调等家电设备。使用家用电器时，应按照说明书正确操作，如某些电器上有警告标识，应遵照提示避免因违规操作而引起电气火灾。

项目二　电子产品生产工艺简介

学习任务一　电子产品生产工艺概论

2.1.1　电子工艺

1. 电子工艺的概念

我们日常生活工作中会用到很多电子产品,如手机、计算机等,这些电子产品怎么生产出来的呢? 又是由哪些元件构成的呢?

图 2-1、图 2-2 分别展示了收音机及计算机的组成,由此可见,电子产品不管是多复杂,体积有多大,都是由元器件或部件组成。元器件或部件又是怎么组装成一个个电子

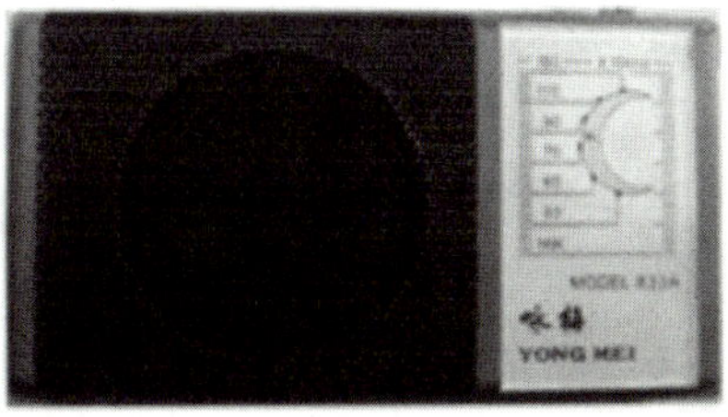

收音机 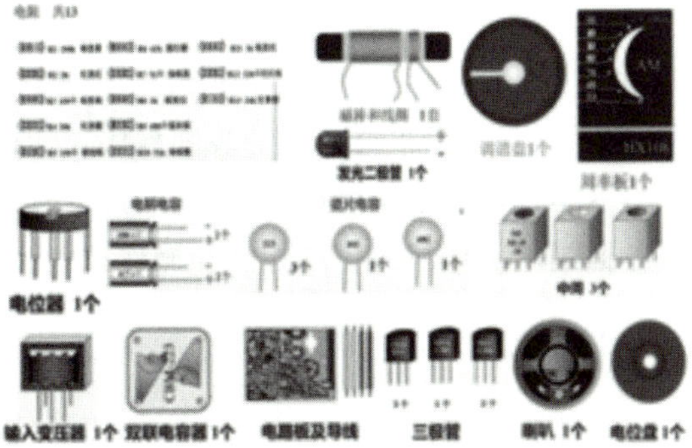　　　　　　　　　　　收音机元器件

图 2-1　收音机及组成元器件

液晶显示屏　　　　键盘及鼠标　　　　主机

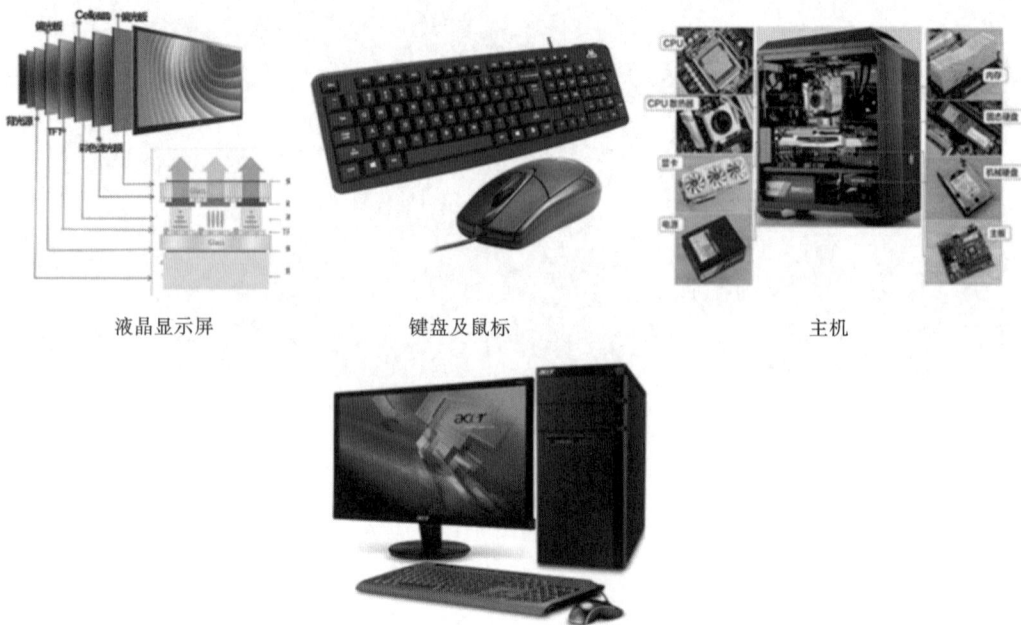

图 2-2　计算机及组成部件

产品的呢？

这个问题其实就是电子产品生产工艺,也是电子工艺要研究的对象之一。

综上可知,电子工艺就是生产者利用设备和生产工具,对各种原材料、半成品进行加工或处理,使之成为符合技术要求的电子产品生产过程的总称(包括工序、方法或技术)。它是劳动者的工作经验和技术能力在生产过程中不断完善后的理论升华。

2. 电子工艺学的研究范围

电子工艺的内涵极为广泛,既包括电子材料、电子元器件,又包括将它们按照既定的装配工艺程序、设计装配图和接线图,按一定的精度标准、技术要求、装配顺序安装在指定的位置上,再用导线把电路的各部分相互连接起来,组成具有独立功能的整体。

一台完善、优质、使用可靠的电子产品(整机),除了要有先进的线路设计、合理的结构设计、采用优质可靠的电子元器件及材料之外,如何制定合理、正确、先进的装配工艺,以及操作人员根据预定的装配程序,认真细致地完成装配工作都是非常重要的。

这里仅就电子整机产品的生产过程介绍电子产品生产工艺,它主要涉及两个方面:一方面是电子产品的生产方法和操作技能;另一方面是电子产品生产管理和质量控制。

3. 电子产品制造过程的基本要素

在研究电子产品的生产过程中,材料、设备、方法、操作者这几个要素是电子工艺技术的基本重点,通常用"4M+M"来简化电子产品制造过程的基本要素。

材料(material):包括电子元器件、导线、集成电路、开关、接插件等。

设备(machine):各种工具、仪器、仪表、机器等。

方法(method):对材料的利用、对工具设备的操作、对生产的安排、对生产过程的管理。

人力(manpower):高级管理人员、高级工程技术人员、高级技术工人。

另一个"M"就是管理(management)。

4. 电子工艺技术的培养目标

电子工艺技术的培养目标包括:为中国电子产品制造业培养具有职业素质与职业技能的技术应用型人才;培养有技术、掌握电子产品生产工艺管理知识,能在生产现场指导生产,解决实际问题的工艺工程师和高级技师。

5. 电子工艺技术人员的工作范围

电子工艺技术人员的工作范围包括以下几个方面:

根据产品设计文件要求编制产品生产工艺流程、工时定额和工位作业指导书,指导现场生产人员完成工艺工作和产品质量控制工作。

指导和调试 AOI 、ICT 测试等生产设备的操作方法和规程。

负责新产品研发中的工艺评审,主要对新产品元器件的选用、PCB 板设计和产品生产的工艺性进行评定并提出改进意见;对新产品的试制生产负责技术上的准备和协调,现场组织解决有关技术和工艺问题,并提出改进意见。

进行生产现场工艺规范和工艺纪律管理,培训和指导员工的生产操作,解决生产现场出现的技术问题。

控制和改进生产过程中的产品质量,协同研发、检验、采购等相关部门进行生产过程质量分析,改进提高产品质量。

研讨、分析和引进新工艺、新设备,参与重大工艺问题和质量问题的处理,不断提高企业的工艺技术水平、生产效率和产品质量。

2.1.2 电子产品生产

1. 电子产品的特点

电子产品种类繁多,且又各具特点,就整体而言,比较突出的几点如下:

(1) 体积小、重量轻的特点。

(2) 电子产品使用广泛。

(3) 电子产品设备的可靠性高。

(4) 使用寿命长。

(5) 一些电子产品设备的精度高,控制系统复杂。

(6) 技术综合性强。

(7) 产品更新快。

2. 电子产品生产的基本要求

电子产品的生产是指产品从研制、开发到推出的全过程。

电子产品生产的基本要求包括：生产企业的设备情况；技术和工艺水平；生产能力和生产周期；生产管理水平。

3. 电子产品生产的组织形式

（1）配备完整的技术文件、各种定额资料和工艺装备，为正确生产提供依据和保证。

（2）制定批量生产的工艺方案。

（3）进行工艺质量评审。

（4）按照生产现场工艺管理的要求，积极采用现代化的、科学的管理办法组织并指导产品的批量生产。

（5）生产总结。

4. 电子产品生产的标准化

1）标准与标准化

（1）标准是衡量事物的准则，是人们从事标准化活动的理论总结，是对标准化本质特征的概括。

（2）为适应科学发展和合理组织生产的需要，在产品质量、品种规格、零件部件通用等方面规定的统一技术标准，称为标准化。

（3）标准和标准化二者是密切联系的。标准是标准化活动的核心，而标准化活动则是孕育标准的摇篮。

2）电子产品生产中的标准化

电子产品生产中的标准化主要有以下五种：

（1）简化的方法；

（2）互换性的方法；

（3）通用化的方法；

（4）组合的方法；

（5）优选的方法。

3）管理标准

管理标准是运用标准化的方法，对企业中具有科学依据而经实践证明行之有效的各种管理内容、管理流程、管理责权、管理办法和管理凭证等所制定的标准，主要包括：

（1）经营管理标准；

（2）技术管理标准；

（3）生产管理标准；

（4）质量管理标准；

（5）设备管理标准。

4）生产组织标准

生产组织标准就是进行生产组织形式的科学手段。它可以分为以下几类：

（1）生产的"期量"标准；

（2）生产能力标准；

（3）资源消耗标准；

（4）组织方法标准。

学习任务二　电子产品生产工艺文件与管理

2.2.1　技术文件

技术文件是电子产品生产过程中所有工艺文件的统称，它是电子产品设计、试制、生产、使用和维修的基本理论依据。在电子产品开发、设计、制作过程中，反映产品功能、性能、构造特点及测试要求的图样和说明等一些技术性文件，有时也称为电子工程图。

1．技术文件的分类

技术文件常用的分类方法如下：

按制造业中的技术，技术文件可分为设计文件和工艺文件两大类。

在非制造业领域里，按电子技术图表本身特性，技术文件可分为工程性图表和说明性图表两大类。

2．技术文件的特点和作用

1）标准严格

产品技术文件要求全面、严格地执行国家标准，要用规范的"工程语言（包括各种图形、符号、记号、表达形式等）"描述电子产品的设计内容和设计思想，指导生产过程。

我国电子行业的标准目前分为三级，即国家标准（GB）、专业（部）标准（ZB）和企业标准。

2）格式严谨

工程技术图具有严谨的格式，包括图样编号、图幅、图栏、图幅分区等，其中图幅、图栏等采用与机械图兼容的格式，便于技术文件存档和成册。

3）管理规范

产品技术文件由技术管理部门进行管理，涉及文件的审核、签署、更改、保密等方面，这些都由企业规章制度约束和规范。

3．技术文件的计算机管理

技术文件的计算机管理是指利用先进的计算机技术和强大丰富的计算机应用软件，来实现电子产品技术文件的编制和管理。

1）计算机编制技术文件的常用软件

目前，编制技术文件的常用计算机软件有 AutoCAD、Protel、CAD、Multisim 以及 Microsoft Office 等，这些软件可用于设计绘制电路方框图、电路原理图、PCB 图、连线图、零件图、装配图等，并且可以进行仿真实验，调整设计过程和设计结果，可编写各种企业管理和产品管理文件，可制作各种计划类和财务类表格等。

2）计算机技术编制和管理技术文件的特点

利用计算机技术可以方便快捷地编制技术文件，简单方便地修改、变更、查询技术文件，大大缩短了编制文件的时间，规范了文件的编制，提高了文件的管理水平和效率。

但计算机病毒的侵入会破坏电子文档的技术文件，带来严重的不良后果，因而在实行计算机编制文件和管理文件的过程中，应注意做好备份。

4．设计文件

设计文件是产品在研究、设计、试制和生产实践过程中积累而形成的图样及技术资料。

设计文件规定了产品的组成形式、结构尺寸、原理以及在制造、验收、使用、维护和修理过程中所必需的技术数据和说明，是组织产品生产的基本依据。

电子产品的设计程序包括编制技术任务书、技术设计、工程图纸设计等三个阶段。

1）设计文件的分类和作用

设计文件一般包括各种图纸（如电路原理图、装配图、接线图等）、功能说明书、元器件清单等。

按表达的内容，设计文件可分为以下几方面。

（1）图样：以投影关系绘制。用于说明产品加工和装配要求的设计文件，如装配图、零件图、外形图等。

（2）略图：以图形符号为主绘制。用于说明产品电气装配连接、各种原理和其他示意性内容的设计文件，如电路原理图、方框图、接线图等。

（3）文字和表格：以文字和表格的方式，说明产品的技术要求和组成情况的设计文件，如说明书、明细表、汇总表等。

按形成的过程，设计文件可分为以下几方面。

（1）试制文件：是指设计性试制过程中所编制的各种文件。

（2）生产文件：是指设计性试制完成后，经整理修改，为进行生产（包括生产性试制）所用的设计性文件。

按绘制过程和使用特征，设计文件可分为以下几方面。

（1）草图：是设计产品时所绘制的原始图样，是供生产和设计部门使用的一种临时性的设计文件。

（2）原图：供描绘底图用的设计文件。

（3）底图：是作为确定产品及其组成部分的基本凭证图样。

（4）载有程序的媒体：是载有完整独立的功能程序的媒体，如计算机用的磁盘、光盘等。

5. 调试工艺文件

调试工艺文件是用来规定产品生产过程中，产品调试的工艺过程、调试的要求及操作方法等工艺文件，是产品调试的唯一依据和质量保证，也是调试人员的工作手册和操作指导书。

1）基本内容

（1）调试工位的顺序及岗位数。

（2）各调试工位的工作内容。

（3）调试工作的特殊要求及其他说明，如安全操作规程、调试条件、注意事项、调试责任人的签署及交接手续等。

2）调试工艺文件的制定原则

（1）根据产品的规格等级、性能指标及应用方向，确定调试项目及要求。

（2）应充分利用本企业的设备条件和工艺技术，提高生产效率和产品质量。

（3）调试内容和测试步骤应尽可能具体，可操作性要强。

（4）测试条件和安全操作规程要写仔细清楚。测试数据尽可能表格化，便于综合分析。

3）工艺调试方案

工艺调试方案是根据产品的技术要求和设计文件的规定以及有关的技术标准，制定的调试项目、技术指标要求、规则、方法和流程安排等总体规划和调试手段，是调试工艺文件的基础。

工艺调试方案的制定应从技术要求、生产效率要求和经济要求等三个方面综合考虑。

4）技术要求

将系统或整机技术指标分解落实到每一个单元部件的调试技术指标中，被分解的指标要能确保在系统或整机调试中达到设计技术指标。

在确定调试指标时，为了留有余地，一般各单元调试指标定得比整机调试的指标高，而整机调试指标又比设计指标高。

5）生产效率要求

（1）尽可能选专用仪器及自制设备。

（2）调试步骤及方法尽量简单明了，仪表指示及监测点数不宜过多（一般超过三个监测点时，就应考虑采用声、光等监测信息）。

（3）尽量采用先进的智能化设备和调试方法，降低对调试人员技术水平的要求。

6）经济要求

经济要求就是要求调试工作成本最低。总体上说，经济要求与技术要求、效率要求是一致的,但在具体工作中往往又是矛盾的,需要统筹兼顾,寻找最佳组合。

2.2.2　工艺文件管理

1. 工艺文件管理的要求

电子工艺文件的编制是根据产品生产的具体情况,按照一定的规范和格式完成的;为保证产品生产的顺利进行,应该保证工艺文件的完整齐全(成套性),并按一定的规范和格式要求汇编成册。

工艺文件装订成册有利于查阅、检查、更改、归档。

2. 工艺文件应包含的主要项目

工艺文件应包含的主要项目包括:
(1) 工艺文件封面;
(2) 工艺文件明细表;
(3) 材料配套明细表;
(4) 装配工艺过程卡;
(5) 工艺说明及简图。

3. 工艺文件的编号与简号

工艺文件的编号是指工艺文件的代号,简称"文件代号"。它由三个部分组成:企业区分代号、该工艺文件的编制对象(设计文件)的十进制分类编号和工艺文件简号。必要时工艺文件简号可加区分号予以说明。

学习任务三　电子产品生产工艺制定与管理

2.3.1　工艺制定

1. 工艺过程的含义

工艺过程是生产者利用生产设备和生产工具,对各种原材料、半成品进行加工或处理,使之成为符合技术要求的产品的技术过程,其贯穿于产品设计、制造的全过程。

通常,元器件加工工艺过程和装配工艺过程是电子产品制造企业的主要工艺过程。

2. 工艺过程的基本构成

工艺过程主要由工序、安装、工位、工步、进度等部分构成。

3．生产工艺制定的原则

（1）根据产品的批量、复杂程度制定生产工艺。

（2）根据企业在产品加工、装配、检验等方面的技术力量情况进行生产工艺的制定。

（3）根据企业的技术装备制定生产工艺。

（4）根据原材料的供应、生产路线、生产过程、生产周期、生产调度等情况进行制定。

（5）根据零部件、产品的特殊性来制定生产工艺。

（6）根据企业的管理办法来制定生产工艺。

2.3.2　工艺管理

1．工艺管理的概念

企业的工艺管理是指在一定的生产方式和条件下，按一定的原则、程序和方法，科学地计划、组织、协调和控制各项工艺工作的全过程；它是保证整个生产过程严格按工艺文件进行活动的管理科学。

工艺管理涉及产品的开发、产品的试制、生产管理、技术改造与推广、安全管理以及全面质量管理等多方面。

2．工艺管理的内容

（1）编制工艺发展计划，研究和开发新的工艺技术。

（2）产品生产的工艺准备。

（3）生产现场的工艺管理。

（4）工艺纪律的管理。

（5）生产管理。

（6）质量管理。

（7）开展工艺情报的收集、研究和开发工作。

（8）工艺成果的申报、评定和奖励。

（9）开展工艺标准化工作。

3．工艺管理的意义

加强工艺管理，可提高产品质量，增加产品的市场竞争力。

国家技术监督局于 1992 年 10 月决定，在我国等同采用 ISO 9000 质量管理和质量保证国际标准系列（GB/T 19000）。这对企业提高质量管理水平，增加产品的竞争能力，使我国电子工业工艺工作与国际接轨、走向世界新的起点，都具有十分重要的意义。

2.3.3　电子新产品开发

1．新产品的概念

新产品是指过去从未试制或生产过的产品,或指其性能、结构、技术特征等方面与老产品有明显区别或提高的产品。新产品可以是对产品的全新发明创造,也可以是对现有产品的改进或创新。

新产品通常分为以下几类:

(1) 全新产品;

(2) 改进、换代新产品;

(3) 仿制新产品。

2．开发新产品的意义

开发新产品是衡量国家科学技术水平和经济发展水平的重要标志,是不断提高人民物质、文化生活水平的基本途径。开发新产品是提高企业经济效益、提高企业竞争能力的重要保证。

3．开发新产品的策略

(1) 对现有产品的改造;

(2) 增加产品的花色品种;

(3) 仿制;

(4) 新产品的研制开发。

4．开发新产品的原则

(1) 根据市场需求,开发适应消费者需求的产品。

(2) 根据本企业的能力开发新产品。

(3) 朝着多功能、多样化、节能性的方向发展。

学习任务四　　电子产品整机装配与调试工艺

2.4.1　电子产品整机装配

电子整机产品是由许多电子元器件、电路板、零部件、机壳装配而成的。一个电子整机产品质量是否合格,其功能和各项技术指标能否达到设计规定的要求,与电子产品整机装配的工艺是否达到要求有直接关系。

整机装配必须遵循电子产品整机装配的工艺原则,符合整机装配的基本要求和工艺流程。

1. 整机装配顺序

电子整机产品总装的顺序一般遵循的工艺原则是:先轻后重、先小后大、先铆后装、先里后外、先低后高、易碎后装、上道工序不影响下道工序的安装。

2. 整机结构形式

电子整机产品在结构上通常由组装好的印制电路板、接插件、底板和机箱外壳等构成。

电子产品装配可分为元件级、插件级和系统级组装。

(1)元件级组装是指通用电路元器件、分立元器件、集成电路等的装配,是装配级别中的最低级别。

(2)插件级组装是指组装和互连装有元器件的印制电路板或插件板等。

(3)系统级组装是将插件级组装件通过连接器、电线电缆等组装成具有一定功能的完整电子整机产品。

2.4.2 总装的基本原则和基本要求

1. 基本原则

一是使上下道工序装配顺序合理或更加方便;二是使总装过程中的元器件磨损应最小。

具体做法:先轻后重、先小后大、先铆后装、先装后焊、先里后外、先低后高、易碎后装、上道工序不影响下道工序的安装。

2. 基本要求

(1)总装所需零部件或组件在总装前必须经过调试、检验。

(2)应用合理的工艺,满足产品在功能、技术指标和经济指标等方面的要求。

(3)不损伤元器件,避免碰坏机箱及元器件的涂覆层,不破坏元器件的绝缘性能。

(4)严格执行自检、互检与专职检验的"三检"原则,分段把好质量关。

3. 总装工艺流程

电子产品装配的工艺流程因设备的种类、规模不同,其构成也有所不同,但基本工序大致可分为装配准备、装联、调试、检验、包装、入库或出厂等几个阶段。

4. 电子产品整机总装的流水线作业法

总装过程要根据整机的结构情况、生产规模和工艺装备等,采用合理的总装工艺,使产品在功能、技术指标等方面满足设计要求。整机总装是在装配车间(亦称总装车间)完成的。对于批量生产的电子整机产品,目前大都采用流水作业(又称流水线生产方式)。

1)流水作业

流水作业是指把电子产品整机的装联、调试等工作划分成若干简单操作项目,每位操作者完成各自负责的操作项目,并按规定顺序把机件传输到下一道工序,形似流水般不停地自首至尾逐步完成。图2-3就是流水作业示例图。

图 2-3   流水作业

2)流水作业法的特点

在流水线上,每位操作者都必须在规定的时间内完成指定的操作内容,所操作的时间为流水节拍,它是工艺技术人员根据该产品每天在生产流水线上的产量与工作时间的比例来制定每一个工位操作任务的依据。

2.4.3   电子产品整机调试

1. 电子产品整机调试

各单元电路、部件调试好后,接通所有的部件及印制电路板的电源,进行整机调整。检查各部分连接有无影响以及机械结构对电气性能的影响等,整机电路调整好后,调试整机总电流和消耗功率。

整机调试是在单元部件调试的基础上进行的。单元部件的调试是整机总装和调试的前提,其调试质量直接影响到产品质量和生产效率,它是整机生产过程中的一个重要环节。

2. 整机调试的一般工艺流程

1)整机外观检查

检查项目因产品的种类、要求不同而不同,具体要求可按工艺指导卡进行。例如,对于收音机,一般检查天线、紧固螺钉、电池弹簧、电源开关、调谐指示、按键、旋钮、四周外观、机内有无异物等项目。

2)结构调试

电子产品是机电一体化产品,结构调试的目的是检查整机装配的牢固性和可靠性,以及机械传动部分的调节灵活和到位情况等。

3）整机功耗测试

整机功耗是电子产品的一项重要技术指标。测试时常用调压器对待测整机按额定电源电压供电，测出正常工作时的电流和电压，两者的乘积即整机功耗。如果测试值偏离设计要求，则说明机内存在故障隐患，应对整机进行全面检查。

4）整机统调

调试好的单元电路装配成整机后，其性能参数会受到不同程度的影响。因此，装配好整机后应对其单元电路板再进行必要的调试，从而保证各单元电路板的功能符合整机性能指标的要求。

5）整机技术指标的测试

对已调试好的整机应进行技术指标测试，以判断它是否达到设计要求的技术水平。不同类型的整机有不同的技术指标，其测试方法也不尽相同。必要时应记录测试数据，分析测试结果，写出调试报告。

6）老化

老化是模拟整机的实际工作条件，使整机连续长时间试验，让部分产品存在的故障隐患暴露出来，避免带有隐患的产品流入市场。

7）整机技术指标复测

经整机通电老化后，由于部分元器件参数可能发生变化，造成整机某些技术性能指标发生偏差，通常还需要进行整机技术指标复测，使出厂的整机具有最佳的技术状态。

2.4.4 电子产品整机故障排除

1. 故障排除的一般步骤

调试过程中，往往会遇到被调部件或整机的指标达不到规定值（如静态工作点、输出波形等），或者调整这些元件时根本不起作用，这时可按以下步骤进行故障查找与排除。

1）了解故障现象

被调部件、整机出现故障后，首先要进行初检，了解故障现象及故障发生的经过，并做好记录。

2）故障分析

根据产品的工作原理、整机结构以及维修经验正确分析故障，查找故障的部位和原因。查找要有一个科学的逻辑程序，按照程序逐次检查。一般程序是：先外后内，先粗后细，先易后难，先常见现象后罕见现象。在查找过程中尤其要重视供电电路的检查和静态工作点的测试，因为正常的电压是任何电路工作的基础。

3）处理故障

对于线头脱落、虚焊等简单故障可直接处理。而对有些需拆卸部件才能修复的故障,必须做好处理前的准备工作,如做好必要的标记或记录,准备好需要的工具和仪器等,避免拆卸后不能恢复或恢复出错,造成新的故障。在故障处理过程中,对于需要更换的元器件,应使用原规格、原型号的元器件或者性能指标优于故障件的同类型元器件。

4)部件、整机的复测

修复后的部件、整机应进行重新调试,如果修复后影响前道工序的测试指标,则应将修复件从前道工序起按调试工艺流程重新调试,使其各项技术指标均符合规定要求。

5)修理资料的整理归档

部件、整机修理结束后,应将故障原因、修理措施等做好台账记录,并对修理的台账资料及时进行整理归档,以不断积累经验,提高业务水平。同时,还可为所用元器件的质量分析、装配工艺的改进提供依据。

2. 故障排除的方法

1)直观检测法

直观检测法就是通过人的手、眼、耳、鼻等来发现电子产品的故障所在。这是最简单的一种检测方法,也是对故障机的一种初步检测,不需要任何仪器仪表。

2)触摸法

触摸法就是用手触摸电子元器件是否有发烫、松动等现象。

用手触摸电阻器、电容器时,其表面温度应能使手有所感觉,但不会感到不适。如感觉发热且温度较高时,表明此元器件可能有参数变化或是选用不当。对于大功率晶体管、功放集成电路和电源集成电路等功率器件,特别是带散热片的元器件,用手去触摸时有一定的温度,但手放在上面应以不烫手为正常。如果感到特别烫手且无法停留,则表明负载太重或元器件本身出现故障。如果感觉冷,则说明该器件是坏的或根本就没有工作,应采用其他方法进一步检测,以确定其好坏。

注意:触摸前一定要断开电源,给大容量的电容放电,以免发生危险。

3)听音法

就是用耳朵去听电子产品箱体内是否有异常声音出现。听音法一般内容有:如果有"噼啪、噼啪"的声音,则表明机内有打火现象,应配合目视观察进一步去查找故障的具体位置。

4)气味法

就是用鼻子去嗅闻电子产品在通电工作时,是否有不正常的气味散发出来,以此来判断故障的部位和性质。不正常的气味通常为焦煳味,一旦有此味,要及时切断电源进行检查,避免故障扩大。产生焦煳味的元器件常有变压器线圈、电阻器、功率器件或短路的导线等。

5)电阻检测法

电阻检测法就是利用万用表的电阻挡(欧姆挡),通过测量所怀疑的元器件的阻值,或元器件的引脚与共用地端之间的电阻值,将测出的电阻值与正常值进行比较,从中发现故障所在的检测方法。

电阻检测法可以检测大多数电子元器件的性能好坏、粗略地判断晶体管值、大致判断电源负载的大小、印制电路板有无开路和短路等,是一种常用的检测方法。

6) 电压检测法

电压检测法是指用万用表的电压挡测量电路电压、元器件的工作电压并与正常值进行比较,以判断故障所在的检测方法。

7) 直流电流检测法

直流电流检测法是指用万用表的电流挡去检测电子电路的整机电流、单元电路的电流、某一回路的电流、晶体管的集电极电流以及集成电路的工作电流等,并与其正常值进行比较,从中发现故障所在的检测方法。直流电流检测法比较适用于由于电流过大而出现烧坏保险管、烧坏晶体管、使晶体管发热、电阻器过热以及变压器过热等故障的检测。

8) 示波器检测法

用示波器测量出电路中关键点波形的形状、幅度、宽度及相位,与维修资料给出的标准波形进行比较,从中发现故障所在,这种方法就称为示波器检测法。

应用示波器检测法的同时再与信号源配合使用,就可以进行跟踪测量,即按照信号的流程逐级跟踪测量信号。当前面测试点的信号正常,而后面测试点的信号不正常时,即可判断故障就发生在前后两个测试点之间。

9) 替代法

替代法就是用好的元器件去替代所怀疑的元器件的检测方法。如果故障被排除,则表明所怀疑的元器件就为故障件。

10) 信号注入法

信号注入法是将一定频率和幅度的信号逐级输入被检测的电路中,或注入可能存在故障的有关电路,然后再通过电路终端的发音设备或显示设备(扬声器、显像管)以及示波器、电压表等反应的情况,作出逻辑判断的检测方法。在检测中哪一级没有通过信号,故障就在该级单元电路中。

11) 干扰注入法

干扰注入法是指在业余的情况下,往往没有信号源一类专门的仪器,这时可以将干扰信号当作一种信号源去检测故障机的方法。

利用这一方法可以简易地判断出电路的故障部位。该方法比较适用于检测无声故障的收音机或无图像故障的电视机的通道部分。具体方法是:手拿小螺丝刀,而且手指要紧贴小螺丝刀的金属部分,然后用螺丝刀的刀口部分由电路的输出端逐渐向前去碰触电路中除接地或旁路接地的各点,当用刀口触碰电路中各点时,就相当于在该点输入一个干扰信号,如果该点以后的电路工作正常,电路的终端(如喇叭、显像管等)就应有"喀喀"声或有杂波反应,越往前级,声音越响。

如果触碰的各输入点均无反应,则可能是终端的电路故障。如果只有某一级无反应,则应着重检查该级电路。

12)短路法

短路法与信号注入法正好相反,是把电路中的交流信号对地短路,或是对某一部分电路短路,从中发现故障所在的检测方法。

短路法有两种,一种是交流短路法,另一种是直流短路法,常用的是交流短路法。

注意:利用这种方法检测故障时,要求检测人员有比较丰富的经验,否则操作不慎就会造成更大、更严重的故障。

13)开路法

开路法是将电路中被怀疑的电路和元器件开路处理,让其与整机电路脱离,然后观察故障是否还存在,从而确定故障部位所在的检查方法。开路法主要用于整机电流过大等短路性故障的排除。

项目三 常用电子元器件识别与检测

学习任务一 电阻元件识别与检测

3.1.1 电阻器的符号和作用

1. 电阻器的符号

电阻，是指在电路中对电流有阻碍作用并且造成能量消耗的元件。

电阻器的英文缩写为：R(Resistor)，电排阻为：RN，电阻器在电路中的图形符号有两种，具体是：$-\!\!\!\bigwedge\!\!\!\!\bigvee\!\!\!\!-$ $-\!\!\!\boxed{}\!\!\!-$ 。

2. 电阻器的作用

电阻器是耗能元件，在电路中主要用来控制电压和电流，起降压、分压、限流、分流和阻抗匹配等作用。

3.1.2 电阻器结构

电阻器是由电极、绝缘保护膜、电阻材料组成，具体如图 3-1 所示。

1. 电极

电极是电阻器连接电路的引线。为了保证电阻器具有良好的可焊性和可靠性，一般采用三层电极结构：内、中、外层电极。

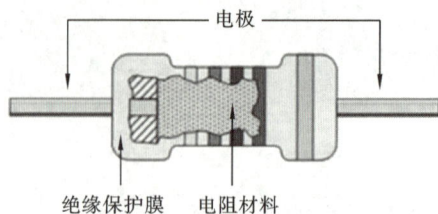

图 3-1 电阻的结构

2. 电阻材料

电阻材料是电阻内部结构的核心。电阻材料有很多种，如碳粉、金属、半导体、陶瓷、水泥等都可作为生产电阻的材料。不同类型的电阻材料可以生产出不同用途的电阻元件。

3. 绝缘保护膜

绝缘保护膜主要是为了保护电阻体，它一方面起机械保护作用，另一方面使电阻体表面具有绝缘性，避免电阻与邻近导体接触而产生故障。

3.1.3 电阻器分类

电阻器分类有以下几种。

1. 按电阻材料分类

电阻按材料可以分为以下五种。

（1）线绕电阻器，这种电阻是由电阻线（康铜、锰铜或镍络合金丝）绕制在绝缘骨架上而成，外面涂有耐热的釉绝缘层或绝缘漆。绕线电阻具有较低的温度系数，阻值精度高，稳定性好，耐热耐腐蚀，主要做精密大功率电阻使用，缺点是高频性能差，时间常数大。线绕电阻的结构及实物如图 3-2 所示。

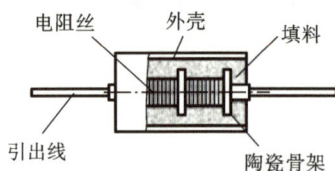

（a）线绕电阻结构示意图   （b）线绕电阻外形示意图

图 3-2 线绕电阻结构及外形示意图

（2）碳合成电阻器，又叫合成电阻器，是由碳粉、绝缘材料和黏合剂混合压制而成的。这种电阻器的优点是阻值高，成本低，缺点是阻值不够准确，在高温时容易变值和

产生噪声。其阻值一般用四位色标来表示。

（3）碳膜电阻器，是膜式电阻器的一种，它是用碳氢化合物在高温真空下热分解成结晶碳，使其在陶瓷骨架上沉积一层碳膜，并在其表面涂上环氧树脂密封保护而形成，通过控制碳膜厚度和对膜刻槽来控制阻值的大小。一般在电阻器的外表面涂有绿色或橙色的保护漆。碳膜电阻器成本低、性能稳定、阻值范围宽、温度系数和电压系数低，是目前应用最广泛的电阻器，其外形如图 3-3（a）所示。

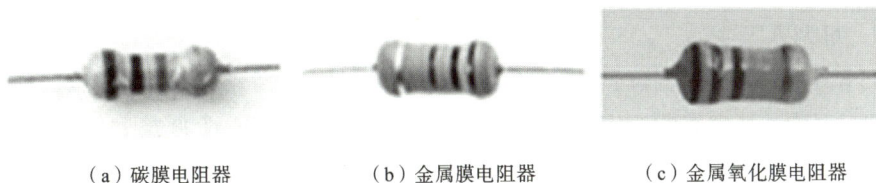

（a）碳膜电阻器　　　　（b）金属膜电阻器　　　　（c）金属氧化膜电阻器

图 3-3　碳膜电阻、金属膜电阻、金属氧化膜电阻外形图

（4）金属膜电阻器，也是膜式电阻器中的一种。它是采用高温真空镀膜技术将镍铬或类似的合金紧密附在瓷棒表面形成皮膜，经过切割调试阻值，以达到最终要求的精密阻值，然后加适当接头切割，并在其表面涂上环氧树脂密封保护而成。金属膜电阻比碳膜电阻的精度高，稳定性好，噪声、温度系数小。其外形如图 3-3（b）所示。

（5）金属氧化膜电阻器，是以特种金属或合金作电阻材料，用真空蒸发或溅射的方法，在陶瓷或玻璃基板上形成氧化的电阻膜层的电阻器。金属膜电阻器的制造工艺比较灵活，不仅可以调整它的材料成分和膜层厚度，也可通过刻槽调整阻值，因而可以制成性能良好、阻值范围较宽的电阻器，它的耐热性、噪声电势、温度系数、电压系数等电性能都比碳膜电阻器的优良。其外形如图 3-3（c）所示。

由图 3-3 可见，碳膜电阻器、金属膜电阻器、金属氧化膜电阻器外形相似，但是从外观颜色上看，碳膜电阻器为土黄色或其他颜色，金属膜电阻器多为蓝色，金属氧化膜电阻器以绿色居多（正规尺寸为灰色，小尺寸为绿色），但由于工艺的提高，很多时候已无法准确区分这些电阻了。现在能区分碳膜电阻器、金属膜电阻器比较好的方法是：

（1）用刀片刮开保护漆，露出的膜的颜色为黑色的为碳膜电阻，膜的颜色为亮白的则为金属膜电阻；

（2）由于金属膜电阻器的温度系数比碳膜电阻器的小得多，所以可以用万用表测电阻的阻值，然后用烧热的电烙铁靠近电阻器，如果阻值变化很大，则为碳膜电阻器，反之则为金属膜电阻器。

2. 按伏安特性分类

电阻按伏安特性可分为线性电阻和非线性电阻。

对大多数电阻来说，在一定温度下，其电阻几乎不变而为一定值，这类电阻称为线性电阻。但是有少数由特殊材料制作的电阻，其电阻值会明显地随着温度或其他外界环境因素（如电压、压力、湿度、光照等）的改变而变化，其伏安特性是一条曲线，这类电阻称为非线性电阻。

3. 根据阻值是否变化分类

电阻根据阻值是否变化可分为固定电阻和可变电阻。

固定电阻的阻值固定不变，一般没有特殊情况说明，指的就是这种电阻。前面所列的碳膜电阻器、金属膜电阻器、金属氧化膜电阻器就是固定电阻。

可变电阻是指阻值可以人工地进行调整或随外界环境的变化而变化，常见的可变电阻有：可调电阻和特殊电阻。

1）可调电阻

可调电阻，也称为电位器，通常是由电阻体与转动或滑动系统组成的，这种电阻一般有 3 个引脚，其中有两个定片引脚和一个动片引脚，还有一个调整旋钮，可以通过它改变动片，从而改变可变电阻的阻值。其结构及外形如图 3-4 所示。

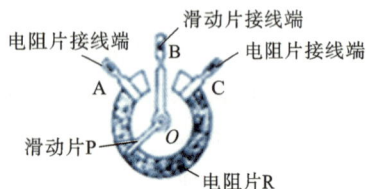

（a）可变电阻的结构 　　　　　（b）常见可变电阻的外形

图 3-4　可变电阻的结构及常见外形示意图

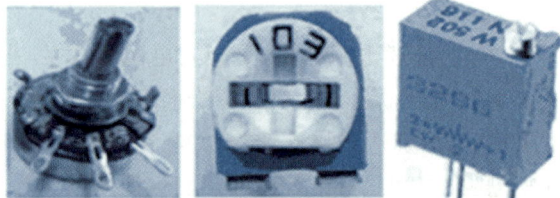

2）特殊电阻

（1）热敏电阻。

热敏电阻是由单晶、多晶以及玻璃、塑料等半导体材料制作而成的，其阻值随温度变化呈现出阶跃性的变化，具有半导体特性。按照温度系数不同，热敏电阻可分为正温度系数热敏电阻器（PTC）和负温度系数热敏电阻器（NTC）。其主要特点是：灵敏度较高、工作温度范围宽、体积小、稳定性好，目前广泛用于温度传感器及控制领域。其电路符号及外形如图 3-5 所示。

（a）热敏电阻的电路符号 　　　　（b）热敏电阻外形

图 3-5　热敏电阻的电路符号及外形示意图

（2）光敏电阻。

光敏电阻是由硫化镉等特殊材料制作而成的，它在特定波长的光照射下，材料中的载流子都参与导电,在外加电场的作用下作漂移运动,电子向电源的正极移动,空穴向电源的负极移动,从而使光敏电阻器的阻值迅速下降。光敏电阻的阻值随入射光的强弱变化而改变,当入射光增强时,光敏电阻值会减小,入射光减弱时电阻值会增大。其电路符号及外形如图 3-6 所示。

（a）光敏电阻的电路符号　　　　（b）光敏电阻的外形

图 3-6　光敏电阻的电路符号及外形示意图

（3）压敏电阻。

压敏电阻是一种非线性电阻器件,它的电阻材料主要是半导体,当加在压敏电阻上的电压低于它的阈值电压时,材料中的载流子数目较少,流过的电流也极小,这时它就相当于一个阻值为无穷大的电阻;当加在压敏电阻上的电压超过它的阈值电压时,材料中的载流子数目激增,流过的电流就较大,这时它就相当于一个阻值为无穷小的电阻。利用压敏电阻的这一特性,就可以很好地抑制电路中经常出现的异常过电压,保护电路免受过电压的损害。其电路符号及外形如图 3-7 所示。

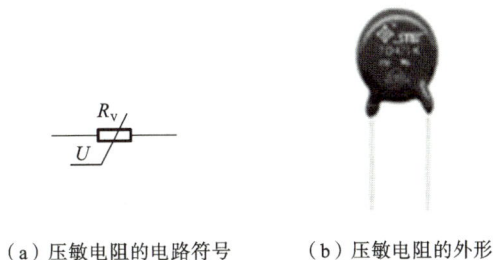

（a）压敏电阻的电路符号　　　　（b）压敏电阻的外形

图 3-7　压敏电阻的电路符号及外形示意图

（4）磁敏电阻。

磁敏电阻也是一种非线性伏安特性电阻器件,它的电阻材料是锑化铟（InSb）或砷化铟（InAs）等半导体材料,磁敏电阻器的电阻值与磁感应强度呈平方关系,利用这一特性,可以精确地测试出磁场的相对位移。其电路符号及外形如图 3-8 所示。

（5）湿敏电阻。

湿敏电阻是利用湿敏材料吸收空气中的水分而导致元件的电阻率和电阻值都发生变化这一原理制作而成,利用这一特性即可测量环境的湿度,湿敏材料主要有:半导体陶瓷湿敏材料、氯化锂湿敏材料。湿敏电阻的电路符号及外形如图 3-9 所示。

湿敏电阻只能用交流电压,直流电压会导致湿敏电阻失效,因为直流电场会导致高分子材料中的带电粒子偏向两极,一定时间后湿敏电阻就会失效。

（a）磁敏电阻的电路符号 　　　　（b）磁敏电阻的外形

图 3-8　磁敏电阻的电路符号及外形示意图

（a）湿敏电阻的电路符号 　　　　（b）湿敏电阻的外形

图 3-9　湿敏电阻的电路符号及外形示意图

（6）气敏电阻。

气敏电阻的电阻材料是金属氧化物，如 SnO_2、ZnO、Fe_2O_3 等，这些金属氧化物在吸收某种气体后会发生氧化还原反应，引起电阻材料的电导率发生变化，从而改变气敏电阻的阻值，利用这一原理，就可以制造出气体传感器，实现气体成分的检测与控制，如煤矿瓦斯浓度的检测与报警等。气敏电阻的结构、电路符号及元件实物如图 3-10 所示。

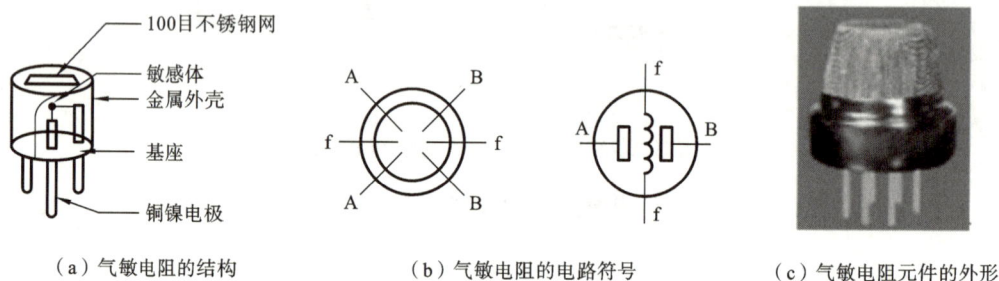

（a）气敏电阻的结构 　　　（b）气敏电阻的电路符号 　　　（c）气敏电阻元件的外形

图 3-10　气敏电阻的结构、电路符号及元件实物图

如图 3-10(b)所示，气敏电阻的电路符号有两种，f-f 是外加电源输入端，A-B 是感应电压输出端，两组 A-B 表明有两路感应信号输出。

3.1.4　电阻器的主要特征参数

（1）标称阻值：电阻器上面所标示的阻值。

（2）允许误差：标称阻值与实际阻值的差值跟标称阻值之比的百分数称为阻值偏

差,它表示电阻器的精度。不同的精度有一个相应的允许误差,常用电阻器的允许误差与等级(精度等级)对照如表 3-1 所示。

表 3-1 允许误差与精度对照表

允许误差	±0.5%	±1%	±2%	±5%	±10%	±20%
精度	005	01	02	Ⅰ	Ⅱ	Ⅲ
对应字母	D	F	G	J	K	M
类型	精密型			普通型		

因生产工艺水平的提高,现在固定电阻器大都为Ⅰ或Ⅱ级,Ⅲ很少,能满足一般应用的要求,02、01、005 级的精密电阻器,仅供测量仪器及特殊设备选用。

(3)额定功率:在正常的大气压力 90~106.6 kPa 及环境温度−55~+70 ℃的条件下,电阻器长期工作所允许耗散的最大功率。

(4)额定电压:由阻值和额定功率换算出的电压。

(5)最高工作电压:允许最大连续工作电压。在低气压工作时,最高工作电压较低。

(6)温度系数:温度每变化 1 ℃所引起的电阻值的相对变化。温度系数越小,电阻的稳定性越好。阻值随温度升高而增大的为正温度系数,反之为负温度系数。

(7)电压系数:在规定的电压范围内,电压每变化 1 V,电阻器的相对变化量。

(8)噪声:产生于电阻器中的一种不规则的电压起伏,包括热噪声和电流噪声两部分,热噪声是由于导体内部不规则的电子自由运动,使导体任意两点的电压不规则变化。

3.1.5 电阻器的型号及命名方法

根据国家标准(GB/T 2470—1995)规定,国产电阻器的型号由 4 部分组成,各部分含义如表 3-2 所示。

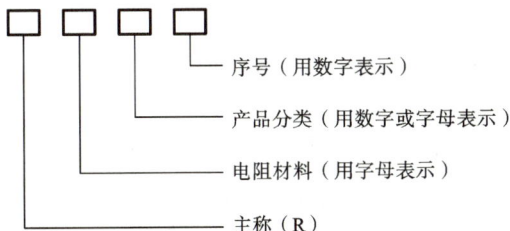

序号(用数字表示)
产品分类(用数字或字母表示)
电阻材料(用字母表示)
主称(R)

第一部分:主称,用字母表示,表示产品的名字。如 R 表示电阻,W 表示电位器。

第二部分:电阻材料,用字母表示,表示电阻用什么材料组成。

第三部分:产品分类,一般用数字(个别用字母)表示产品属于什么类型。

第四部分:序号,用数字表示,表示同类产品中不同品种,以区分产品的外形尺寸和性能指标等。

表 3-2　电阻和电位器型号命名方法

第一部分:主称		第二部分:电阻材料		第三部分:产品分类		第四部分:序号
符号	意义	符号	意义	符号	意义	意义
R	电阻器	T	碳膜	1	普通	
		H	合成膜	2	普通	
		S	有机实芯	3	超高频	
		N	无机实芯	4	高阻	对主称、电阻材料相同,仅性能指标、尺寸大小有差别,但基本上不影响互换使用的产品,给予同一序号;若性能指标、尺寸大小明显影响互换时,则在序号后面用大写字母作为区别代号
		J	金属膜	5	高温	
		Y	金属氧化膜	6	—	
W	电位器	I	玻璃釉膜	7	精密	
		P	排阻	8	高压	
		U	硅碳膜	9	特殊	
		X	线绕	G	高功率	
				T	可调	
				W	微调	
				D	多圈可调	

3.1.6　电阻器元件识别

1. 电阻器的识别方法

电阻器的主要参数(如标称阻值和允许误差)一般直接标注在电阻器上,固定电阻常用的识别方法有直标法、文字符号法、数码法和色环标注法四种。

(1)直标法是将电阻器的阻值用数字和文字符号直接标在电阻体上,其允许偏差则用百分数表示,未标偏差值的即为±20%。

例如: 5.1 kΩ ±5% ——表示该电阻的阻值为 5.1 kΩ,误差为±5%。

(2)数码法主要用于贴片等小体积的电路,在三位数码中,从左至右第一、二位数表示有效数字,第三位表示 10 的指数,或者用 R 表示(R 表示 0. x)。

例如:103 表示该电阻的阻值为:10×10^3 Ω;R030 表示该电阻的阻值为:0. 030 Ω。

(3)文字符号法是用阿拉伯数字和文字符号两者有规律的组合来表示标称阻值,其允许偏差也用文字符号表示。符号前面的数字表示整数阻值,后面的数字依次表示第一位小数阻值和第二位小数阻值。

例如: RT 1K8 Ⅱ ——RT 表示该电阻是碳膜电阻,阻值是 1. 8 kΩ,误差是Ⅱ

级（即±10%）。

（4）色标法即色环标注法，这种表示方法使用最多，一般分 4 色环和 5 色环两种，普通电阻大多用 4 色环表示，精密电阻用 5 色环表示，靠电阻管脚最近一端的色环为第一环，另一端为末环，该色环表示为误差（色环较粗），色标法标示电阻值的具体表示方法如图 3-11 所示，上面为四色环电阻，下面为五色环电阻。

色	标	代表数	第一环	第二环		第三环	%　第五环	字母
棕		1	1	1	1	10	±1	F
红		2	2	2	2	100	±2	G
橙		3	3	3	3	1K		
黄		4	4	4	4	10K		
绿		5	5	5	5	100K	±0.5	D
兰		6	6	6	6	1M	±0.25	C
紫		7	7	7	7	10M	±0.1	B
灰		8	8	8	8		±0.05	A
白		9	9	9	9			
黑		0	0	0	0	1		
金		0.1				0.1	±5	J
银		0.01				0.01	±10	K
无			第一环	第二环	第三环	第四环	±20	M

图 3-11　色环电阻读数示意图

以五色环电阻为例：

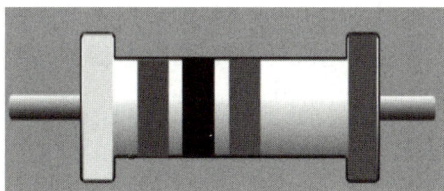

从左往右依次是第 1、2、3、4、5 条色环。

第 1 条色环是黄色，对应的数字是 4；

第 2 条色环是紫色，对应的数字是 7；

第 3 条色环是黑色，对应的数字是 0；

第 4 条色环是红色，对应的数字是 2；

第 5 条色环是棕色,对应的数字是 1。

则该电阻的阻值为:$470 \times 10^2\ \Omega = 47000\ \Omega = 47.0\ k\Omega(\pm 1\%)$。

3.1.7　电阻元件检测

1. 固定电阻检测

检测电阻的仪器设备比较多,一般阻值较大的电阻用万用表检测,阻值较小的用电桥检测准确度比较高,这里主要介绍用数字万用表检测电阻的方法,如图 3-12 所示。

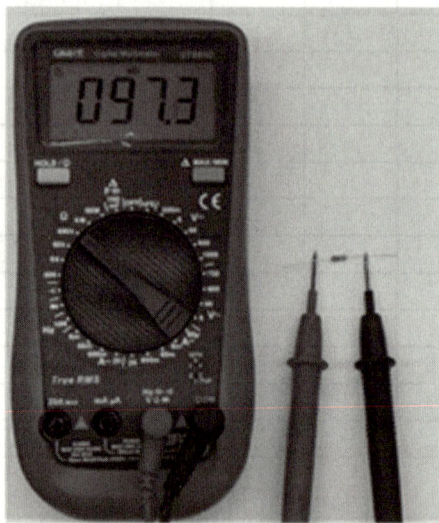

图 3-12　电阻元件检测示意图

测量时,先将黑表笔插入 COM 插孔、红表笔插入 V/Ω 插孔,然后用色标法读出被测电阻的大小,再根据该数值将量程转换开关置于合适的 Ω 量程(一般所选量程比用色标法读出的电阻值稍大或大一个数量级),最后将被测电阻接到红黑表笔两端,数字万用表上就可以显示出该电阻的阻值,通过比对这两个电阻值,就可以判断所测电阻的好坏(若两个数值接近,则表明该电阻是好的;若测量值始终为∞,则表明该电阻内部断路;若测量值始终为 0,则表明该电阻内部短路)。

2. 可调电阻器检测

可调电阻器也称电位器,它是由一个电阻体和一个转动或滑动系统组成的,作用与电阻一样。其内部结构及电路符号如图 3-13 所示。

图 3-13 中,A、C 端之间的电阻值固定不变,所以 A、C 端称为电位器的固定端;B端为滑动端,随着 B 端的滑动,A、B 端之间的电阻随之变化,但是 A、B 端之间的电阻值与 B、C 端之间电阻值之和恒等于 A、C 端之间的电阻值。

电位器种类很多,常见的电位器如图 3-14 所示。

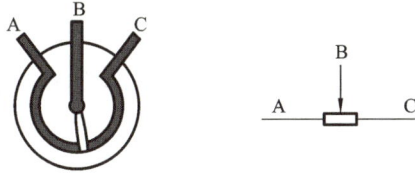

图 3-13 电位器机构示意图(左)及电路符号(右)

图 3-14 常见电位器实物图

测试时,先测量电位器的总阻值,即两固定端之间的阻值就是总阻值(即标称值),然后再测量它的滑动端与固定端之间的阻值,将一只表笔接电位器的滑动端,另一只表笔接其余两端中的任意一端(见图 3-15),慢慢将其从一端滑动到另外一端,其阻值则应从零(或标称值)连续变化到标称值(或零),在整个滑动过程中,万用表的数值不应有大

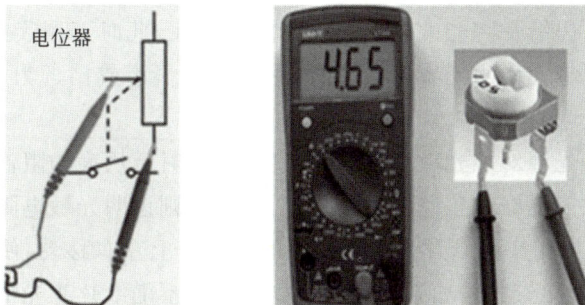

图 3-15 万用表检测电位器原理示意图

幅度变化现象,否则电位器内部有异常,如果测量值始终为∞,则表明该电位器内部断路;如果测量值始终为0,则表明该电位器内部短路。

注意:在测试过程中电位器中心滑动端与电阻体之间要接触良好,其动噪声和静噪声应尽量小,其开关应动作准确可靠。

3. 特殊电阻检测

特殊电阻因为种类繁多,这里只介绍常用的热敏电阻、光敏电阻的检测。

1)热敏电阻检测

用万用表欧姆挡(一般为R×1挡)测量热敏电阻两引脚间的电阻,通过电阻的变化情况去判断热敏电阻的好坏。具体可分两步操作。

第一步　常温测量(室内温度接近25 ℃)热敏电阻两引脚间实际阻值,并与标称阻值相对比,二者相差在±2 Ω内即为正常。若实际阻值与标称阻值相差过大,则说明其性能不良或已损坏。

第二步　加温检测,即在常温测试正常的基础上,进行加温检测。具体是将一热源(如电烙铁)靠近热敏电阻对其加热,观察万用表读数,如果万用表读数随温度的升高而改变,则表明电阻值在逐渐改变(负温度系数热敏电阻器NTC阻值会变小,正温度系数热敏电阻器PTC阻值会变大),当阻值改变到一定数值时显示的数据会逐渐稳定,这说明热敏电阻正常,若阻值无变化,则说明其性能变劣,不能继续使用。

2)光敏电阻检测

光敏电阻检测原理图如3-16所示,具体检测分两步进行。

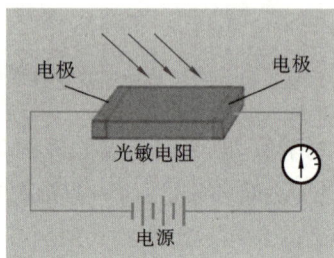

图3-16　光敏电阻检测原理图

第一步　用一黑纸片将光敏电阻的透光窗口遮住,此时万用表的阻值显示为"1",接近无穷大。此值越大说明光敏电阻性能越好;此值很小或接近为零说明光敏电阻损坏,不能使用。

第二步　将一光源对准光敏电阻的透光窗口,此时万用表的阻值显示较小,此值越小说明光敏电阻性能越好。若此值很大甚至无穷大,则说明光敏电阻内部开路损坏,不能使用。另外还可以用小黑纸片在光敏电阻的遮光窗上左右移动,使其受光面积变化,此时,万用表数值变化较大。如果万用表表显的阻值不随纸片遮光情况变化而变化,则说明光敏电阻损坏。

学习任务二　电容元件识别与检测

3.2.1　电容元件的基础知识

1. 电容元件

电容器简称电容,是电路中十分重要的元件,主要用于滤波、耦合、旁路、能量转换和延时等。

电容器的英文缩写:C。

电容器在电路中的表示符号有以下四种:

固定电容器　　电解电容器　　可变电容器　　半可变电容器

电容器常见的单位:毫法(mF)、微法(μF)、纳法(nF)、皮法(pF)。

电容器的单位换算:1 法拉$=10^3$ 毫法$=10^6$ 微法$=10^9$ 纳法$=10^{12}$ 皮法;

1 pF$=10^{-3}$ nF$=10^{-6}$ μF$=10^{-9}$ mF$=10^{-12}$ F。

电容器的特性如下:

(1)隔直流通交流,通低频阻高频。电容对交流信号的阻碍作用称为容抗,它与交流信号的频率和电容容量有关。

(2)电压不能突变。电容器在充电过程中,与电源正极相连的金属极板上的电荷便会在电场力的作用下,向与电源负极相连的金属极板跑去,使得与电源正极相连的金属极板失去电荷带正电,与电源负极相连的金属极板得到电荷带负电(两金属极板所带电荷大小相等,符号相反),两极板上电荷缓慢极化的过程,使得电容器两端的电压有一个建立过程,所以电压不能突变;同理,当电容器放电时,负电荷向正极板移动,两极板上电荷缓慢中和,使得电容两端的电压下降也有一个缓慢的过程,所以电容器两端的电压不管是充电还是放电都不能突变。

2. 电容元件的作用

电容器是一种能够储藏电荷的元件,它的作用主要有以下几点。

(1)耦合:用在耦合电路中的电容称为耦合电容,在阻容耦合放大器和其他电容耦合电路中大量使用这种电容,起隔直流通交流作用。

(2)滤波:用在滤波电路中的电容器称为滤波电容,在电源滤波和各种滤波器电路中使用这种电容,滤波电容将一定频段内的信号从总信号中去除。

（3）退耦：用在退耦电路中的电容器称为退耦电容，在多级放大器的直流电压供给电路中的电容能消除每级放大器之间的有害低频交连。

（4）高频消振：用在高频消振电路中的电容器称为高频消振电容，在音频负反馈放大器中，为了消振可能会出现高频自激，采用这种电容以消除放大器可能出现的高频啸叫。

（5）谐振：用在 LC 谐振电路中的电容器称为谐振电容，LC 并联和串联谐振电路中都需要这种电容。

（6）旁路：用在旁路电路中的电容器称为旁路电容，电路中如果需要从信号中去掉某一频段的信号，可以使用旁路电容，根据所去掉信号频率不同，有全频域（所有交流信号）旁路电容电路和高频旁路电容电路。

（7）中和：用在中和电路中的电容器称为中和电容。在收音机高频和中频放大器及电视机高频放大器中，采用这种中和电容，以消除自激。

（8）定时：用在定时电路中的电容器称为定时电容。在需要通过电容充、放电进行时间控制的电路中使用定时电容，起控制时间常数大小的作用。

（9）积分：用在积分电路中的电容器称为积分电容。在电势场扫描的同步分离电路中，采用这种积分电容，可以从场复合同步信号中取出场同步信号。

（10）微分：用在微分电路中的电容器称为微分电容。在触发器电路中为了得到尖顶触发信号，采用这种微分电容，以从各类（主要是矩形脉冲）信号中得到尖顶脉冲触发信号。

（11）补偿：用在补偿电路中的电容器称为补偿电容，在卡座的低音补偿电路中，使用这种低频补偿电容，以提升放音信号中的低频信号。此外，还有高频补偿电容电路。

（12）自举：用在自举电路中的电容器称为自举电容，常用的 OTL 功率放大器输出级电路采用这种自举电容电路，以通过正反馈的方式少量提升信号的正半周幅度。

（13）分频：用在分频电路中的电容器称为分频电容，在音箱的扬声器分频电路中，使用分频电容，以使高频扬声器工作在高频段，中频扬声器工作在中频段，低频扬声器工作在低频段。

（14）负载电容：是指与石英晶体谐振器一起决定负载谐振频率的有效外界电容。负载电容常用的标准值有 16 pF、20 pF、30 pF、50 pF 和 100 pF。负载电容可以根据具体情况作适当的调整，通过调整一般可以将谐振器的工作频率调到标称值。

3．电容元件的结构

1）电容器的基本结构

电容器是由两块金属电极之间夹一层绝缘电介质构成的。当在两金属电极间加上电压时，电极上就会存储电荷，所以电容器是储能元件。当电极形状是平板时，就构成平行板电容器，如图 3-17 所示。

其特点如下：

（1）具有充放电特性，以及阻止直流电流通过，允许交流电流通过的能力。

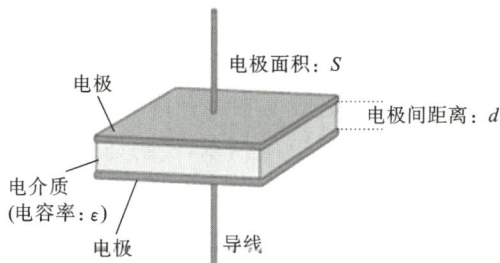

图 3-17　平行板电容器

（2）在充电和放电过程中，两极板上的电荷有积累过程，也即电压有建立过程，因此，电容器上的电压不能突变。

电容器的充电：两板分别带等量异种电荷，每个极板带电量的绝对值叫电容器的带电量。

电容器的放电：电容器两极正负电荷通过导线中和。在放电过程中导线上有短暂的电流产生。

（3）电容器的容抗与频率、容量成反比。

2）电容器的容量

$$C = \frac{\varepsilon S}{d} = \frac{\varepsilon_0 \varepsilon_r S}{d}$$

式中：S 是电极面积，m^2；d 是电极间距离，m；ε 是电介质的电容率，F/m；ε_0 是真空电容率（8.855×10^{-12} F/m）；ε_r 是电介质的相对电容率。

4. 电容元件的分类

电容器分类方法如下：

（1）按结构，可分为固定电容器、可变电容器和微调电容器。

（2）按电解质，可分为有机介质电容器、无机介质电容器、电解电容器、电热电容器和空气介质电容器等。

（3）按用途，可分为高频旁路电容、低频旁路电容、滤波电容、调谐电容、高频耦合电容、低频耦合电容。

（4）按制造材料，可分为瓷介电容、涤纶电容、电解电容、钽电容，还有先进的聚丙烯电容等。

（5）按有无极性，可分为有极性电容、无极性电容。

3.2.2　常用电容器

1. 铝电解电容器

电解电容是指介质为电解液的电容。铝电解电容是用浸有糊状电解质的吸水纸夹在两条铝箔中间卷绕,引出两电极,再用铝外壳封装而形成的电解电容,称为铝电解电容。因为电解电容里面的电解质有正负离子,在外界电场力的作用下会做定向移动,形成电流,且电流具有单一方向,使得电解电容具有单向导电性质,所以电解电容器就具有了极性。铝电解电容器的结构如图 3-18 所示,实物如图 3-19 所示。

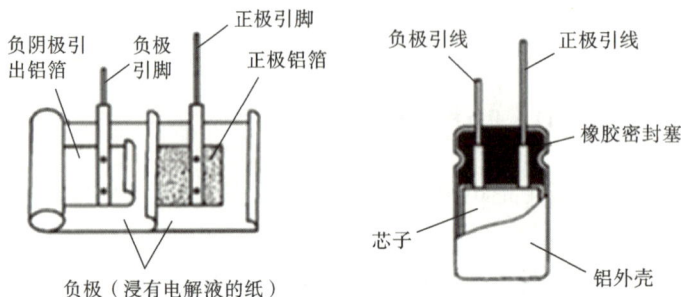

图 3-18　铝电解电容结构示意图　　　　图 3-19　铝电解电容外形

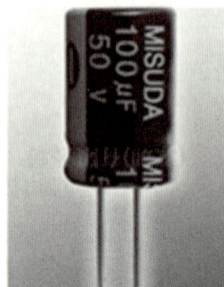

铝电解电容的特点:

(1) 容量大,能耐受大的脉动电流。

(2) 容量误差大,泄漏电流大;普通的铝电解电容不适于在高频和低温下应用,不宜使用在 25 kHz 以上频率的低频旁路、信号耦合、电源滤波等电路。

2. 钽电解电容器

用烧结的钽块作正极,电解质使用固体二氧化锰,这样做成的电解电容称为钽电解电容。其温度特性、频率特性均优于普通的铝电解电容器,特别是漏电流极小,贮存性良好,寿命长,容量误差小,而且体积小,钽电解电容在工作过程中,会在钽金属表面生成一层极薄的五氧化二钽膜,即使是长时间工作,其绝缘能力会随时得到加固和恢复,而不致遭到连续的累积性破坏,这种独特自愈性能,保证了其长寿命和可靠性。钽电解电容的结构如图 3-20 所示,实物如图 3-21 所示。

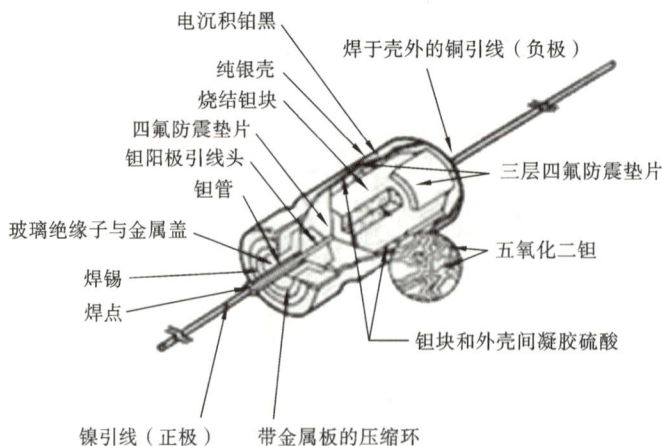

图 3-20　钽电解电容结构示意图　　　　图 3-21　钽电解电容外形

相对铝电解电容,钽电解电容具有以下优缺点:

(1) 由于内部没有电解液,因此很适合在高温下工作。

(2) 使用寿命长、体积小、功能稳定、准确度高、滤高频改波性能极好。

(3) 能在极其严峻的条件下工作。

(4) 容量小、价格比铝电解电容的高、耐电压及电流能力相对较弱。

(5) 温度升高时,其额定工作电压会降低。

3. 薄膜电容器

薄膜电容器又称塑料薄膜电容,其以塑料薄膜为电介质,结构与纸质电容器的相似。薄膜电容由于具有很多优良的特性,因此是一种性能优秀的电容器,它的主要特性如下:无极性,绝缘阻抗很高,频率特性优异(频率响应宽广),而且介质损失很小,所以薄膜电容被大量使用在模拟电路上,缺点是介电损耗小,不能做成大的容量,耐热能力差。薄膜电容结构及外形如图 3-22 所示。

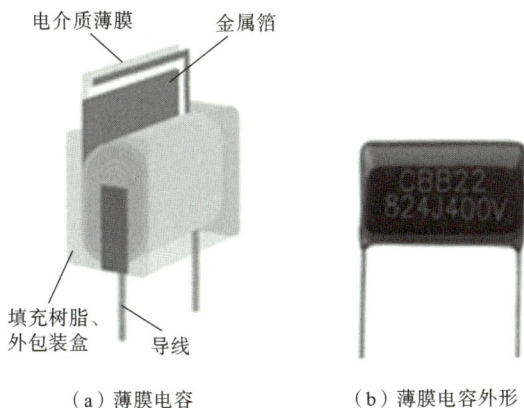

（a）薄膜电容　　　　　（b）薄膜电容外形

图 3-22　薄膜电容结构及外形示意图

4. 瓷介电容器

瓷介电容是用高介电常数的电容器陶瓷(如钛酸钡-氧化钛)挤压成圆管、圆片或圆盘作为介质,并用烧渗法将银镀在陶瓷上作为电极制作而成,具有小的正电容温度系数。几种常见的瓷介电容如图 3-23 所示。

图 3-23　几种常见的瓷介电容

瓷介电容的特点是：

（1）容量损耗随温度频率具有高稳定性。

（2）特殊的串联结构适合于高电压及长期可靠工作的场合。

（3）高电流爬升速率并适用于大电流回路无感型结构。

瓷介电容器又分为低频瓷介电容和高频瓷介电容。

低频瓷介电容主要用于限于在工作频率较低的回路中作旁路或隔直流用，或对稳定性和损耗要求不高的场合，这种电容器不宜使用在脉冲电路中，因为它们易于被脉冲电压击穿。

高频瓷介电容主要适用于高频电路，典型作用就是消除高频干扰。

5. 独石电容器

独石电容是多层陶瓷电容的别称，在若干片陶瓷薄膜坯上覆以电极浆材料，叠合后一次烧结成一块不可分割的整体，外面再用树脂包封而成，具有体积小、容量大、耐高温特点，高介电常数的低频独石电容具有较好的稳定性能，体积极小，Q 值也高，不过它容量误差较大，广泛用于噪声旁路、滤波器、积分、振荡等电路。几种常见的独石电容如图3-24所示。

6. 纸质电容器

纸介电容是由介质厚度很薄（厚度为 0.008～0.012 mm）的纸作为介质，铝箔作为电极，经掩绕成圆柱形，再经过浸渍用外壳封装或环氧树脂灌封组成的电容器。它具有制造工艺简单、成本低等优点，但损耗较大。主要在频率较低（不能高于 4 MHz）的电路中作旁路、耦合、滤波等用。油浸电容的耐压比普通纸质电容的高，稳定性也好，适用于高压电路。常见的纸质电容如图3-25所示。

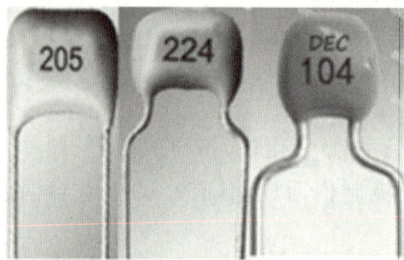

图3-24　常见的独石电容器

图3-25　常见的纸质电容

7. 玻璃釉电容器

玻璃釉电容是一种常用的电容器，介质是玻璃釉粉加压制成的薄片。因釉粉有不同的配制工艺方法，因而可以制成不同性能的玻璃釉电容。玻璃釉电容具有介质介电系数大、体积小、损耗较小等特点，耐温性和抗湿性也较好。常见的玻璃釉电容如图3-26所示。

8. 云母电容器

云母电容就是以天然云母作为电容器介质的电容器,其制作方法是:用金属箔或者在云母片上喷涂银层作电极板,极板和云母一层一层叠合后,再压铸在胶木粉或封固在环氧树脂中制作而成。早期的生产工艺是在金属箔或在云母片表面上喷银构成电极,后来随着工艺的进步,改用真空蒸发法或烧渗法在云母片镀上银层形成电极,这种工艺消除了电极上的空气间隙,温度系数大为下降,稳定性更好。常见的云母电容如图3-27所示。

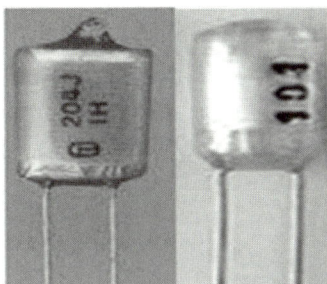

图 3-26　常见的玻璃釉电容　　　　　　　图 3-27　常见的云母电容

云母电容具有介电强度高、介电系数大、损耗小、化学稳定性高、耐热性好,且易于剥离成厚度均匀的薄片等优异性能,故云母电容是其他电容不能代替的。

3.2.3　电容元件的主要特征参数

1. 标称电容量和允许偏差

标称电容量是标志在电容器上的电容量。电容器实际电容量与标称电容量的偏差称为误差,在允许的偏差范围称为精度。

精度等级与允许误差对应关系如表3-3所示。

表 3-3　精度等级与允许误差对应关系表

允许误差	±1%	±2%	±5%	±10%	±20%	+20%-10%	+50%-20%	+50%-30%
精度	01	02	Ⅰ	Ⅱ	Ⅲ	Ⅳ	Ⅴ	Ⅵ

一般电容器常用Ⅰ、Ⅱ、Ⅲ级,电解电容器用Ⅳ、Ⅴ、Ⅵ级,根据用途选取。

2. 额定电压

在最低环境温度和额定环境温度下可连续加在电容器的最高直流电压有效值,一般直接标注在电容器外壳上,如果工作电压超过电容器的耐压,则电容器会被击穿,造成不可修复的永久损坏。

3. 绝缘电阻

直流电压加在电容上,并产生漏电电流,两者之比称为绝缘电阻。当电容较小时,主要取决于电容的表面状态,容量大于 $0.1~\mu F$ 时,主要取决于介质的性能,绝缘电阻越小越好。

电容的时间常数:为恰当地评价大容量电容的绝缘情况而引入了时间常数,它等于电容的绝缘电阻与容量的乘积。

4. 损耗

电容在电场作用下,在单位时间内因发热所消耗的能量称为损耗。各类电容都规定了其在某频率范围内的损耗允许值,电容的损耗主要由介质损耗、电导损耗和电容所有金属部分的电阻所引起的。在直流电场的作用下,电容器的损耗以漏导损耗的形式存在,一般较小,在交变电场的作用下,电容的损耗不仅与漏导有关,还与周期性的极化建立过程有关。

5. 频率特性

随着频率的上升,一般电容器的电容量呈现下降的规律。

3.2.4　电容元件型号及命名方法

国产电容器的命名由四部分组成:

- 序号,用阿拉伯数字表示
- 分类,用阿拉伯数字或字母表示
- 介质材料,用字母表示
- 电容器主称代号,用C表示

第一部分:用字母表示名称,电容器为 C;
第二部分:用字母表示材料,如表 3-4 所示;
第三部分:用数字或字母表示分类,如表 3-4 所示。
第四部分:用数字表示序号,以区别电容器的外形尺寸及性能指标。

3.2.5　电容元件识别

1. 电解电容器的识别

电容器的识别方法与电阻的识别方法基本相同,常用直标法、色标法和数标法三种。

(1)直标法:是将电容的标称值用数字和单位在电容的本体上表示出来,例如,220MF 表示 220 mF;.01UF 表示 0.01 μF;6n8 表示 6800 pF。

表 3-4　国产电容型号命名中各部分的含义

第一部分:主称		第二部分:材料		第三部分:特征、分类						第四部分:序号
符号	意义	符号	意义	符号	意义					
					瓷介	云母	玻璃	电解	其他	
电容器		C	瓷介	1	圆片	非密封	—	箔式	非密封	对主称、材料相同,仅尺寸、性能指标略有不同,但基本上不影响互换使用的产品,给予同一序号;若尺寸、性能指标的差别明显,影响互换使用时,则在序号后面用大写字母作为区别代号
		Y	云母	2	管形	非密封	—	箔式	非密封	
		I	玻璃釉	3	迭片	密封	—	烧结粉固体	密封	
		O	玻璃膜	4	独石	密封	—	烧结粉固体	密封	
		Z	纸介	5	穿心	—	—	—	穿心	
		J	金属化纸	6	支柱	—	—	—	—	
		B	聚苯乙烯	7	—	—	—	无极性	—	
		L	涤纶	8	高压	高压	—	—	高压	
		Q	漆膜	9	—	—	—	特殊	特殊	
		S	聚碳酸酯	J	金属膜					
		H	复合介质	W	微调					
		D	铝							
		A	钽							
		N	铌							
		G	合金							
		T	钛							
		E	其他							

(2) 色标法:用色环或色点表示电容器的主要参数,其色标法与电阻的相同。

(3) 数标法:一般用三位数字表示容量的大小,前两位表示有效数字,第三位表示 10 的指数,例如,102 表示 $10 \times 10^2 = 1000$ pF;224 表示 $22 \times 10^4 = 220000$ nF = 0.22 μF。

3.2.6　电容元件检测

电容器可以用电容表或具有电容测量功能的数字万用表测量。若无此类仪表,则可用指针式万用表来检测。

1. 无极性电容检测

将指针式万用表置于适当的欧姆挡量程,将其两表笔短接后调零,黑表笔接电容器的一端(见图 3-28),红表笔接另一端,电容器开始充电,万用表指针缓慢向右摆动,摆动至某一角度后(充电结束后)又会慢慢向左返回,如果指针回不到"∞"的位置,则说明该电容器已漏电,不能继续使用。经验表明,无极性电容容量一般较小,电容越小,电容充放电时间越快,甚至看不到指针有偏转,测试效果不佳,所以一般用电容表或数字电桥去检测无极性电容。

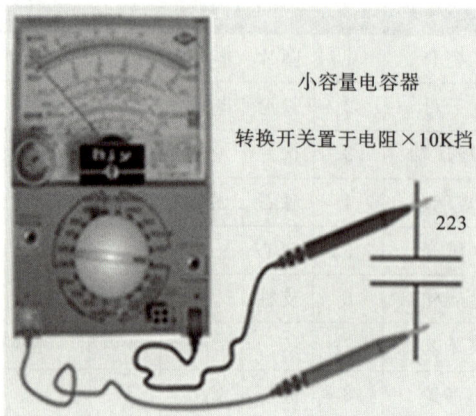

图 3-28 指针式万用表测量无极性小容量电容器

注意:用数字万用表检测容量较小的无极性电容时,一般效果也较差,显示的数字几乎为"0",主要因为容量越小,充电时间越短,数字万用表感知不到电容中电流的变化过程,也就无法计算出其容量大小。

2. 有极性电容检测

有极性电容的代表就是电解电容,它的检测需分两步进行:先要判断极性,然后再检测其性能。

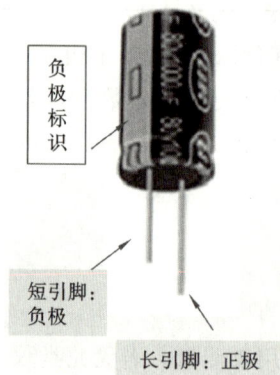

图 3-29 铝电解电容器

(1)电解电容正、负极性判断。

判断电解电容的极性有两种方法:

① 未使用并且管脚的长度保持出厂原样的,管脚长的为正极、短的为负极,如图 3-29 所示。

② 有极性铝电解电容器外壳塑料封套上,通常都有负极标记(负极标记为 ），靠近负极标记的管脚为负极。

(2)电容性能测量。

① 用指针式万用表测量电解电容器。

用指针式万用表测量电解电容器时,如图 3-30所示,应先根据被测电容器的电容量选择适当的欧姆挡量程,将两表笔短接后欧姆调零,再给电解电容放电(用任意一支表笔前面的金属部分同时接触电解电容器的两极),然后黑表笔接电容器的正极、红表笔接负极,电容器开始充电,万用表指针缓慢向右摆动,摆动至某一角度后(充电结束后)又会慢慢向左返回"∞"的位置,如果没有回到"∞"的位置,则表明此电解电容有漏电情况,不能再使用了。在测试中,若正向、反向表针都不动,则说明容量消失或内部断路;如果所测阻值很小或为零,则说明电容漏电严重或已击穿损坏。

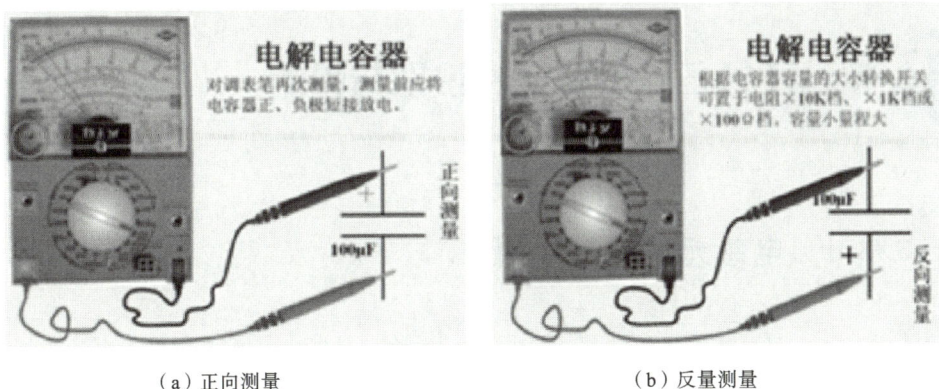

（a）正向测量　　　　　　　　　　　　　　（b）反量测量

图 3-30　指针式万用表测量电解电容器示意图

注意,通常在选择合适欧姆量程时,1 μF 与 2.2 μF 的电解电容器用 R×10K 挡,4.7～22 μF 的电解电容器用 R×1K 挡,47～220 μF 的电解电容器用 R×100 挡,470～4700 μF 的电解电容器用 R×10 挡,大于 4700 μF 的电解电容器用 R×1 挡。

② 用数字万用表测量电解电容器。

用数字万用表测量电解电容器相对比较简单一些,如图 3-31 所示。

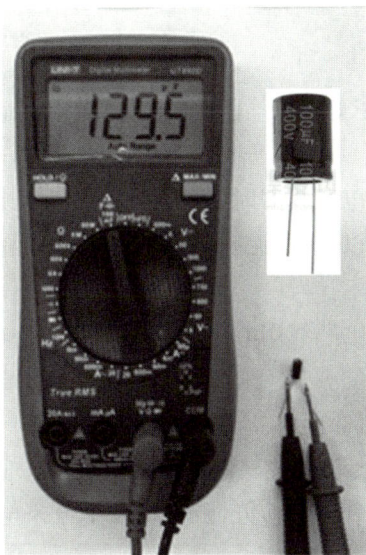

图 3-31　数字万用表测量电解电容器示意图

第一步　根据电解电容器容量标识,选择万用表电容测试量程(一般数字万用表电容测量挡位只有一个)。

第二步　先给电解电容器放电(用一支表笔的金属部分同时短接两管脚),然后万用表红表笔接正极、黑表笔接负极(充电),这样就可以直接读出电容值,若读数跟标称值接近,则表明电容正常;反之就已损坏。

学习任务三　电感元件识别与检测

3.3.1　电感元件的基础知识

1. 电感元件的基础知识

电感元件的原始模型为导线绕成的圆柱线圈,在电学中,电感元件不仅指线圈,还包括用线圈构成的变压器。当线圈中通以电流 i,在线圈中就会产生磁通量 Φ,并储存能量。表征电感元件(简称电感)产生磁通,存储磁场的能力的参数,称为电感,用 L 表示,它在数值上等于单位电流产生的磁链,即 $L=\Phi/I$。

电感器的英文缩写:L(Inductance),电路符号:——⌇⌇⌇——,电感器的国际标准单位是:H(亨利),常见的单位有:mH(毫亨),μH(微亨),nH(纳亨),其单位换算是:1 H $=10^3$ mH$=10^6$ μH$=10^9$ nH;1 nH$=10^{-3}$ μH$=10^{-6}$ mH$=10^{-9}$ H。

2. 电感器的特性

(1)与电容器的特性正好相反,它具有阻止交流电通过而让直流电顺利通过的特性。

通直流:当直流电通过电感线圈时,它的电阻就是导线本身的电阻,如果不计电感线圈的电阻,那么直流电可以"畅通无阻"地通过电感器(对直流电路而言,线圈本身电阻很小,在分析中往往忽略不计)。

阻交流:当交流电通过电感线圈时,线圈两端会产生自感电动势,自感电动势的方向与外加电压的方向相反,阻碍交流电流的通过。电感器对交流信号的阻碍,称为感抗。交流电流频率越高,感抗越大。

(2)电感线圈里面的电流不能突变。线圈因有自感现象,当流过线圈的电流发生变化时,线圈两端产生反向自感电动势,阻碍线圈中原来电流的变化,所以电感线圈里面的电流不能突变。

3. 电感元件的作用

电感器也是一种能够储存能量(磁能)的元件,是最常用的电子元件之一。

电感器在电路中主要起滤波、振荡、延迟、陷波等作用,还有筛选信号、过滤噪声、稳定电流及抑制电磁波干扰等作用,电感与电容一起,还可以组成 LC 振荡电路。

4．电感元件的结构

电感器一般由引线、线圈、外壳、封装材料等组成，如图 3-32 所示。

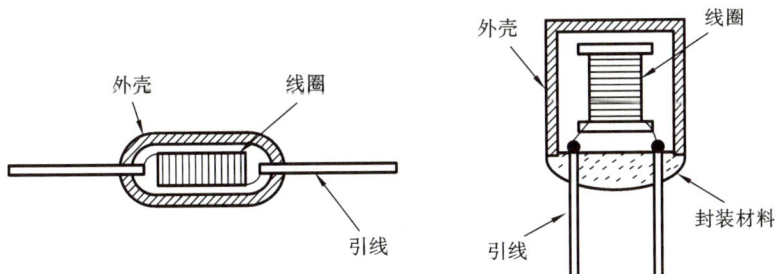

图 3-32　电感器结构示意图

电感器的核心组成部分是线圈，也称绕组。绕组的绕制有单层和多层之分。单层绕组又有密绕（绕制时导线一圈挨一圈）和间绕（绕制时每圈导线之间均隔一定的距离）两种形式；多层绕组有分层平绕、乱绕、蜂房式绕法等多种。有些电感器（如色码电感器、色环电感器等）绕制好后，用封装材料将线圈和其他组成部分密封起来，一般采用塑料或环氧树脂等。

5．电感元件分类

（1）按电感形式，电感可分为固定电感、可变电感。

① 固定电感器。

具有固定电感量的电感器称为固定电感器（或称为固定线圈），它可以是单层线圈、多层线圈、蜂房式线圈以及具有磁芯的线圈等。这类线圈的结构是根据电感量和最大直流工作电流的大小，选用相应直径的漆包线绕制在磁芯上，然后再用环氧树脂或塑料封装而成。这种固定电感器具有体积小、重量轻、结构牢固、使用安装方便等优点，主要用在滤波、振荡、陷波和延迟等电路中。

② 可变电感。

可变电感是指电感量可以改变的电感器，改变电感大小的方法通常有两种方法。

第一种方法：采用带螺纹的软磁铁氧体，改变铁芯在线圈中的位置；

第二种方法：采用滑动开关，改变线圈匝数，从而改变电感器的电感量。

（2）按导磁体性质，电感可分为空芯线圈、铁氧体线圈、铁芯线圈、铜芯线圈。

① 空芯线圈。

空芯线圈就是指线圈里面没有磁介质，空心线圈的磁导率就是空气磁导率，相对磁导率是 1，是常数。

② 铁氧体线圈。

铁氧体线圈是电感的一种特殊形态。它的基本构成是在铁氧体磁柱中穿入一根导线，它具有类似电感的一般特性，同时也具有自己的特殊特性：具有很高的磁导率，在低频时主要呈电感特性，损耗很小；高频情况下，主要呈电抗特性，并且随频率增加，高频下阻抗变得相当高,以至于电流全部通过电阻。

（3）按工作性质,电感可分为天线线圈、振荡线圈、扼流线圈、陷波线圈、偏转线圈,如图3-33所示。

| 天线线圈 | 振荡线圈 | 扼流线圈 | 陷波线圈 | 偏转线圈 |

图 3-33　几种工作性质不同的线圈

① 天线线圈:用来感应电磁波的,如晶体管收音机中波天线线圈。

② 振荡线圈:振荡线圈与电容一起组成振荡回路,用来滤波、谐振。

③ 扼流线圈:扼流线圈在电路中能有效地抑制共模干扰信号,而对线路正常传输的差模信号无影响。

④ 陷波线圈:专门用于消除某些无用信号以减小对有用信号干扰的滤波器。

⑤ 偏转线圈:偏转线圈是 CRT 显像管的重要组成部件,由一对水平线圈和一对垂直线圈组成,用以实现图像的行场扫描功能。

（4）按绕线结构,电感可分为单层线圈、多层线圈、蜂房式线圈。

① 单层线圈:就是将电感线圈的线匝以单层方式缠绕在绝缘管道的外表面上。

② 多层线圈:电感线圈的线匝以多层的方式缠绕在绝缘管道的外表面上,如变压器。

③ 蜂房式线圈:线圈在绕制过程中,其平面不与旋转面平行,而是相交成一定的角度,这种线圈称为蜂房式线圈。蜂房式绕法的优点是体积小、分布电容小且电感量大。

（5）按组成结构,电感可分为自感器和互感器。

① 自感器。

当线圈中有电流通过时,线圈的周围就会产生磁场。当线圈中电流发生变化时,其周围的磁场也产生相应的变化,此变化的磁场可使线圈自身产生感应电动势(感生电动势),这就是自感。由单一线圈组成的电感器称为自感器。

② 互感器。

两个电感线圈相互靠近时,一个电感线圈的磁场变化将影响另一个电感线圈,这种影响就是互感。互感的大小取决于电感线圈的自感与两个电感线圈耦合的程度,利用此原理制成的元件称为互感器,如电流互感器、电压互感器。

3.3.2　电感元件的主要特征参数

1. 电感量 L

电感量 L 表示线圈本身固有特性,与电流大小无关。除专门的电感线圈(色码电感)外,电感量一般不专门标注在线圈上,而以特定的名称标注。

2. 感抗 X_L

电感线圈对交流电流阻碍作用的大小称为感抗 X_L,单位是欧姆。它与电感量 L 和交流电频率 f 的关系为: $X_L = 2\pi f L$。

3. 品质因数 Q

品质因数 Q 是表示线圈质量的一个物理量, Q 为感抗 X_L 与其等效的电阻的比值,即 $Q = X_L/R$,线圈的 Q 值越高,回路的损耗越小。线圈的 Q 值与导线的直流电阻、骨架的介质损耗、屏蔽罩或铁芯引起的损耗、高频趋肤效应的影响等因素有关。线圈的 Q 值通常为几十到几百。

4. 分布电容

线圈的匝与匝间、线圈与屏蔽罩间、线圈与底板间存在的电容称为分布电容。分布电容的存在使线圈的 Q 值减小,稳定性变差,因而线圈的分布电容越小越好。

3.3.3　电感元件型号及命名方法

电感元件的型号及命名由四部分组成,各部分的含义如下:

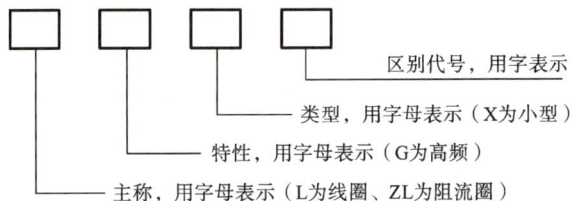

区别代号,用字表示
类型,用字母表示(X为小型)
特性,用字母表示(G为高频)
主称,用字母表示(L为线圈、ZL为阻流圈)

第一部分为主称,常用 L 表示线圈,ZL 表示高频或低频阻流圈;
第二部分为特征,常用 G 表示高频;
第三部分为类型,常用 X 表示小型;
第四部分为区别代号,如 LGX 型即为小型高频电感线圈。

3.3.4　电感元件识别

常规电感器的电感量通常有以下四种表示法。

1. 直标法

直标法是将电感的标称电感量(标称值)用数字和文字符号直接标在电感体上,电感量单位后面的字母表示偏差。常见电感的直标表示法如图 3-34 所示。

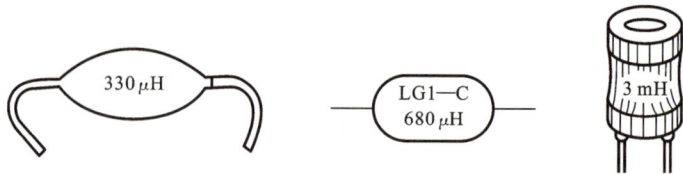

图 3-34　常见直标法标识的电感

2. 文字符号标识方法

就是用文字符号来表示电感量和允许误差,这种表示方法常见于小功率贴片电感,有 nH 及 μH 两种单位。用 nH 做单位时,用 N 表示小数点,用 μH 做单位时,用 R(注意不要误认为是电阻)表示小数点。常见电感的文字符号标识方法如图 3-35 所示,图中,6N8 表示 6.8 nH;1R8M 表示 1.8 μH,M 表示误差;4R7 则表示 4.7 μH;1R0 则表示 1.0 μH。

图 3-35　常见文字符号标识的电感

3. 数码表示法

数码表示法通常采用三位数字和一位字母表示,前两位表示有效数字,第三位表示有效数字后面"0"的个数。注意:用这种表示方法读出来的电感量,默认单位是 μH。这种表示方法常见于小功率贴片电感。常见电感的数码表示方法如图 3-36 所示,图中,220 表示 22 μH;221 表示 220 μH;151 表示 150 μH;330 表示 33 μH。

图 3-36　常见数码标识的电感

4. 色环法

用色环表示电感量的方法,与色环电阻的表示方法一样。从左向右数,第一、二环表示两位有效数字,第三环表示有效数字后面"0"的个数,第四条色环是允许误差,默认单位是 μH。注意:表示电感误差的色环,不是金色,就是银色,而不会是其他颜色,这样就不会同电阻相混淆。常见电感的色环表示方法如图 3-37 所示。

棕　绿　红　银

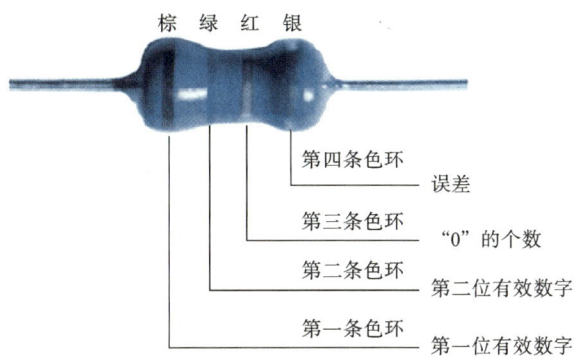

第四条色环　　　误差

第三条色环　　　"0"的个数

第二条色环　　　第二位有效数字

第一条色环　　　第一位有效数字

图 3-37　常见色环标识的电感

图 3-37 中,电感元件的电感量是 :$15 \times 10^2 = 1500\ \mu H = 1.5\ mH$,误差是:$\pm 10\%$。

3.3.5　电感元件检测

电感器的好坏可以用万用表欧姆挡进行检测,如图 3-38 所示。将万用表置于"200 Ω"挡,两表笔(不分正、负)与电感器的两引脚相接,一般电感量较小的电感,读数应该很小,接近"0"Ω,电感量较大的电感应有一定的阻值。如果阻值非常大,甚至接近"∞",则说明该电感器内部断路。

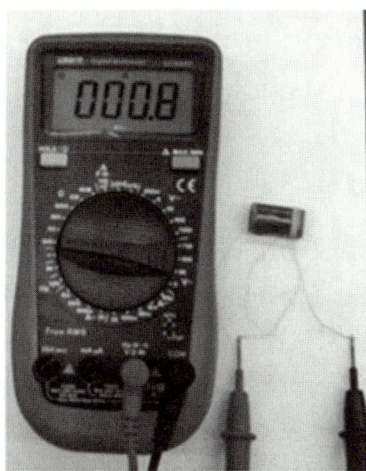

图 3-38　用万用表检测电感

3.3.6　变压器

1. 变压器的结构及电路符号

1）结构

变压器是利用电磁感应的原理来改变交流电压的装置,主要构件是初级线圈 L_1、

次级线圈 L_2 和铁芯（磁芯），具体如图 3-39 所示，其主要有电压变换、电流变换、阻抗变换、隔离、稳压（磁饱和变压器）等功能。

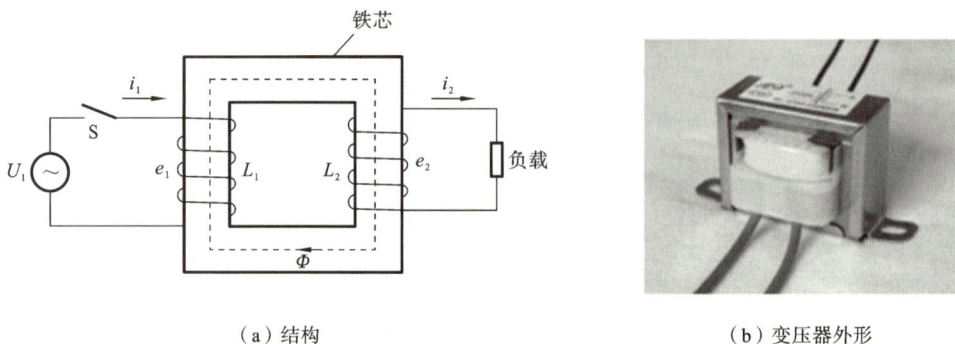

（a）结构　　　　　　　　　　　　　　　　（b）变压器外形

图 3-39　变压器的结构及外形示意图

2）变压器的电路符号

新符号是"T"，旧符号是"B"。常见变压器的电路符号如图 3-40 所示。

常规变压器　　　　铁芯变压器　　　　带抽头变压器　　　多绕组变压器　　　磁芯可调变压器

图 3-40　变压器的符号

2. 变压器的工作原理

当变压器的原绕组施以交变电压 u_1 时，便在初级线圈 L_1 中产生一个交变电流 i_1，这个电流在铁芯中产生交变磁通 Φ。因为初级线圈、次级线圈在同一个铁芯上，所以当磁通 Φ 穿过副绕组时，便在次级线圈 L_2 中产生感应电动势 e_2（即感应电压）。变压器中感应电动势的大小是与线圈的匝数、磁通的大小及电源的频率成正比。

变压器中感应电动势的计算公式为

$$E = 4.44 f N \Phi$$

式中：E 表示感应电动势，单位伏特，简称伏（V）；f 表示电源频率，单位赫兹（Hz）；N 表示线圈匝数（匝）；Φ 表示磁通，单位韦伯（Wb）。

由于磁通 Φ 穿过初级线圈、次级线圈而闭合，所以初级线圈、次级线圈感应电动势分别为

$$E_1 = 4.44 f N_1 \Phi$$

$$E_2 = 4.44 f N_2 \Phi$$

两个公式相除得：$\dfrac{E_1}{E_2} = \dfrac{N_1}{N_2} = K$，$K$ 称为变压器的变比。

3. 变压器的分类

（1）按冷却方式，变压器可分为干式（自冷）变压器、油浸（自冷）变压器、氟化物（蒸发冷却）变压器。

（2）按防潮方式，变压器可分为开放式变压器、灌封式变压器、密封式变压器。

（3）按铁芯或线圈结构，变压器可分为芯式变压器（插片铁芯、C 型铁芯、铁氧体铁芯）、壳式变压器（插片铁芯、C 型铁芯、铁氧体铁芯）、环型变压器、金属箔变压器。

（4）按电源相数，变压器可分为单相变压器、三相变压器、多相变压器。

（5）按用途，变压器可分为电源变压器、调压变压器、音频变压器、中频变压器、高频变压器、脉冲变压器。

4. 变压器型号及命名

变压器的种类很多，常见的几种型号命名方法如下。

1）低频变压器的型号命名

低频变压器的型号命名由下列三部分组成：

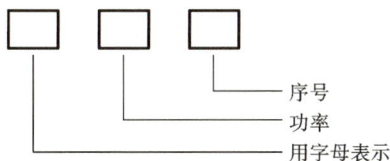

第一部分：主称，用字母表示，表 3-5 列出了低频变压器型号主称字母的意义。

第二部分：功率，用数字表示，单位是 W。

第三部分：序号，用数字表示，用来区别不同的产品。

表 3-5　低频变压器型号命名对应表

第一部分		第二部分	第三部分
主称，用字母表示		功率，用数字表示，计量单位用 VA 或 W 标志，但 RB 型变压器除外	序号，用数字表示
符号	意义		
DB	电源变压器		
CB	音频输出变压器		
RB	音频输入变压器		
GB	高压变压器		
HB	灯丝变压器		
SB 或 ZB	音频（定阻式）输送变压器		
SB 或 EB	音频（定压式或自耦式）输送变压器		

2）调幅收音机中频变压器的型号命名

调幅收音机中频变压器型号命名由下列三部分组成：

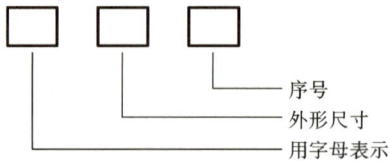

□　□　□
　　　　└── 序号
　　└────── 外形尺寸
└────────── 用字母表示

第一部分:主称,由字母的组合表示名称、用途及特征,如表 3-6 所示。

第二部分:外形尺寸,由数字表示。

第三部分:序号,用数字表示,代表级数。1 表示第一级中频变压器,2 表示第二级中频变压器,3 表示第三级中频变压器。

表 3-6　调幅收音机中频变压器型号命名对应表

主称		尺寸	
字母	名称、用途、特征	数字	外形尺寸/mm
T	中频变压器	1	$7 \times 7 \times 12$
L	线圈和振荡线圈	2	$10 \times 10 \times 14$
T	磁性瓷芯式	3	$12 \times 12 \times 16$
F	调幅收音机用	4	
S	短波段		

例如,变压器的型号 TTF-2-2,表示调幅式收音机用的磁芯式中频变压器,其外形尺寸为 10 mm×10 mm×14 mm,为第二级中频放大器用的中频变压器。

5. 变压器的特性参数

1)工作频率

变压器铁芯损耗与频率关系很大,故应根据频率来设计和使用,这种频率称为工作频率。

2)额定功率

在规定的频率和电压下,变压器能长期工作,而不超过规定温升的输出功率。

3)额定电压

额定电压是指在变压器的线圈上所允许施加的电压,工作时不得大于规定值。

4)电压比

电压比是指变压器初级电压和次级电压的比值,有空载电压比和负载电压比的区别。

5)空载电流

变压器次级开路时,初级仍有一定的电流,这部分电流称为空载电流。空载电流由磁化电流(产生磁通)和铁损电流(由铁芯损耗引起)组成。对于 50 Hz 电源变压器而言,空载电流基本上等于磁化电流。

6）空载损耗

空载损耗是指变压器次级开路时,在初级测得功率损耗。主要损耗是铁芯损耗,其次是空载电流在初级线圈铜阻上产生的损耗(铜损),这部分损耗很小。

7）效率

效率是指次级功率 P_2 与初级功率 P_1 比值的百分数。通常变压器的额定功率越大,效率就越高。

8）绝缘电阻

绝缘电阻表示变压器各线圈之间、各线圈与铁芯之间的绝缘性能。绝缘电阻的高低与所使用的绝缘材料的性能、温度高低和潮湿程度有关。

6. 变压器的检测

变压器可以用万用表进行检测,如图 3-41 所示。

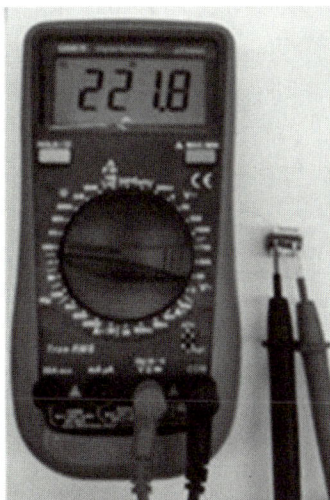

图 3-41 数字万用表测量变压器

一是检测绕组线圈通断;
二是检测绕组线圈之间的绝缘电阻;
三是检测绕组线圈与铁芯之间的绝缘性能。

注意:在检测过程中,线圈之间的电阻一般很小,而绝缘电阻都很大,接近无穷大,按此去判断变压器的好坏。

3.3.7 继电器

1. 简介

继电器是用线圈制作的一种电气控制元件,具有输入电路(又称感应元件)和输出电路(又称执行元件),当感应元件中的输入量(如电流、电压、温度、压力等)变化到某一定值时继电器动作,执行元件便接通或断开控制回路,功能上相当于用小电流去控制大电流运作的一种"自动开关",在电路中起着自动调节、安全保护、转换电路等作用。

2. 继电器的分类

继电器的种类繁多,其工作原理和结构也各不相同,这里主要介绍常用的两种分类方法:

(1)按结构,继电器可分为电磁继电器、热继电器、机械式继电器、电动式继电器和电子式继电器。

(2)按工作原理,继电器可分为电流继电器、电压继电器、中间继电器、时间继电器、热继电器等。

3. 继电器的结构

这里以电磁式电流继电器为例,来介绍其结构和工作原理。

1)电磁式电流继电器的结构

电磁式电流继电器主要由线圈、触点、磁铁、衔铁等组成,其结构如图 3-42 所示。

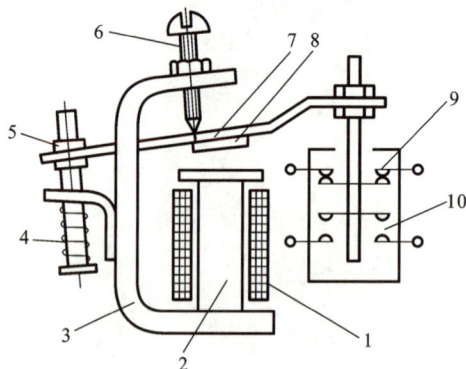

图 3-42　电磁式电流继电器结构示意图

1—线圈;2—铁芯;3—磁轭;4—弹簧;5—调节螺母;6—调节螺钉;

7—衔铁;8—非磁性垫片;9—动断触点;10—动合触点

2)电磁式电流继电器的工作原理

在图 3-42 中,当线圈两端加上一定电压时,线圈中就会流过一定的电流,铁芯就会具有磁性,并磁化衔铁,铁芯就会吸引衔铁移动,从而带动衔铁的动触点与静触点(常开触点)吸合。当线圈断电后,电磁的吸力也随之消失,衔铁就会返回原来的位置,使动触点与原来的静触点(常闭触点)吸合。这样吸合、释放,从而达到了在电路中的导通、切断的目的。

对于继电器未通电时处于断开状态的静触点,称为"常开触点",处于接通状态的静触点称为"常闭触点"。

3)电流继电器在电路中的符号

电流继电器在电路中的符号如图 3-43 所示。

4. 电流继电器的参数

1) 额定工作电压

额定工作电压是指继电器正常工作时线圈所需要的电压。根据继电器的型号不同,其额定工作电压可以是交流电压,也可以是直流电压。

图 3-43 电路继电器在电路中的符号

2) 直流电阻

直流电阻是指继电器中线圈的直流电阻,可以通过万能表测量。

3) 吸合电流

吸合电流是指继电器能够产生吸合动作的最小电流。在正常使用时,给定的电流必须略大于吸合电流,这样继电器才能稳定地工作。而对于线圈所加的工作电压,一般不要超过额定工作电压的 1.5 倍,否则会产生较大的电流而把线圈烧毁。

4) 释放电流

释放电流是指继电器产生释放动作的最大电流。当继电器吸合状态的电流减小到一定程度时,继电器就会恢复到未通电的释放状态。这时的电流远远小于吸合电流。

5) 触点切换电压和电流

触点切换电压和电流是指继电器允许加载的电压和电流。它决定了继电器能控制电压和电流的大小,使用时不能超过此值,否则很容易损坏继电器的触点。

5. 继电器检测

(1) 检测线圈电阻:用万用表 200 Ω 量程测量继电器线圈的阻值,从而判断该线圈是否存在着开路现象。继电器外形及内部电路如图 3-44 所示,继电器线圈电阻检测如图 3-45 所示。

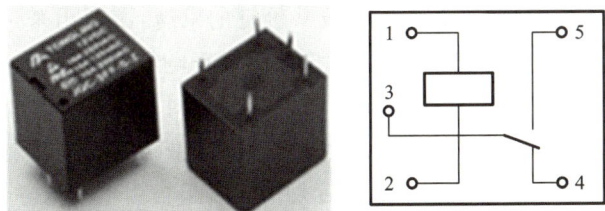

图 3-44 继电器外形及内部电路

图 3-45 继电器检测示意图

(2) 检测触点电阻:用万用表的电阻挡测量常闭触点(图 3-44 中 3、4 脚就是常闭触点)的电阻,其阻值应为 0;而常开触点(图 3-44 中 3、5 脚就是常开触点)的阻值就为无穷大,由此可以检测出触点是否正常。

▍▍▍ 学习任务四　半导体元件识别与检测

3.4.1　半导体元件

1. 半导体的基础知识

半导体是一种具有特殊性质的物质,它不像导体一样能够完全导电,又不像绝缘体那样不能导电,当满足一定条件时,半导体就能导电,这时它就相当于一个导体,当条件消失时,半导体就不再导电,变成绝缘体,所以称为半导体。半导体组成中最重要的元素是硅和锗。

纯净的晶体结构半导体称为本征半导体。组成本征半导体的硅或锗元素的原子最外层电子(价电子)数目都是 4 个。其简化原子结构模型如图 3-46 所示。

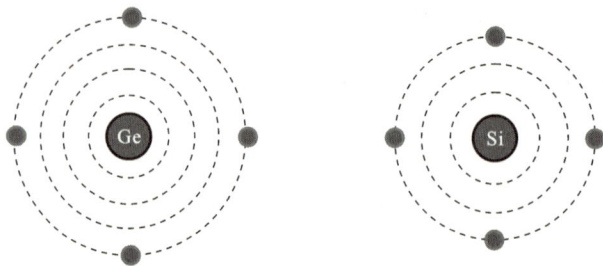

图 3-46　硅、锗原子结构模型

本征晶体中各原子之间靠得很近,使原分属于各原子的四个价电子同时受到相邻原子的吸引,分别与周围的四个原子的价电子形成共价键。共价键中的价电子为这些原子所共有,并被它们所束缚,在空间形成排列有序的晶体,如图 3-47 所示。

当共价键受到热激发后,共价键中的少数电子会突破共价键的束缚,游离出来,变成自由电子(电子带负电),而共价键中缺少一个电子后形成一个带正电的空位,称为空穴。这种现象称为本征激发。在本征半导体中,自由电子与空穴是成对出现的,即自由电子与空穴的数目相等。一定温度下,自由电子与空穴对的浓度一定;温度升高,热运动加剧,挣脱共价键的电子增多,自由电子与空穴对的浓度加大。如果自由电子与空穴相碰同时消失,称为复合。当本征半导体外加电场时,带负电的自由电子和带正电的空穴均会做定向运动,且运动方向相反,这样就会形成电流,参与导电的自由电子和带正电的空穴统称为载流子,由于载流子数目很少,故导电性很差,实际应用不多。

掺杂半导体:在本征半导体中掺入某些微量的杂质,就会使半导体的导电性能发生

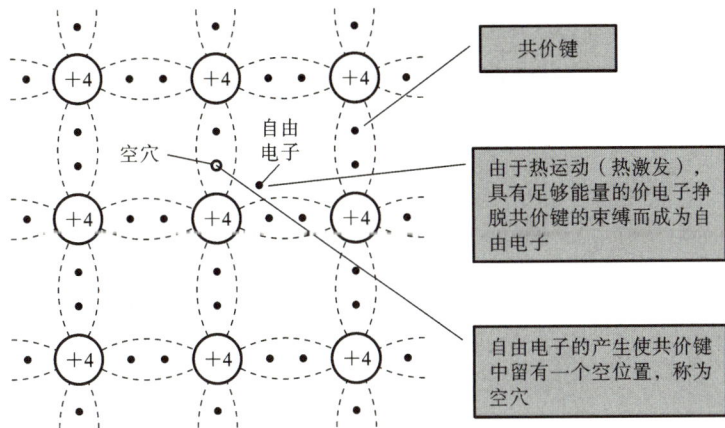

图 3-47 本征晶体共价键结构及说明

显著变化。其原因是:掺杂后的半导体,使得某种载流子浓度大大增加,增强了半导体的导电性能。

根据掺杂元素,掺杂半导体可分为 N 型半导体和 P 型半导体。

(1) N 型半导体。

在本征半导体中掺入五价磷(P)元素,就构成 N 型半导体。N 型半导体主要靠电子(多数载流子)导电。掺入杂质越多,电子浓度越高,导电性越强,实现导电性可控。

(2) P 型半导体。

在本征半导体中掺入三价硼(B)元素,就构成 P 型半导体。P 型半导体主要靠空穴(多数载流子)导电。掺入杂质越多,空穴浓度越高,导电性越强。

2. PN 结的单向导电性

在同一片半导体基片上,分别制造 P 型半导体和 N 型半导体,在它们的交界面形成一个具有特殊性质的薄层,称为 PN 结。

由于在 PN 结两侧,空穴和电子存在浓度差,因而 N 区的多数载流子电子向 P 区运动,同时 P 区的多数载流子空穴向 N 区运动,这种运动称为扩散运动,如图 3-48 所示。

由于电子和空穴在 PN 结区域积累,会形成内电场,而内电场的存在又会阻止多子的扩散运动,而将 N 区的少子空穴向 P 区运动,同时将 P 区的少子电子向 N 区运动,这种运动称为漂移运动。所以扩散和漂移这一对相反的运动最终将达到平衡,相当于两个区之间没有电荷运动。

当 P 区加正电压、N 区加负电压,称为 PN 结正向偏置(见图 3-49),这时内电场被削弱,多子的扩散加强,能够形成较大的扩散电流,正向电阻很小,PN 结就处于导通状态;当 PN 结反偏时,只有非常小的反向饱和电流,反向电阻很大,PN 结处于截止状态。PN 结的这一特性称为单向导电性。

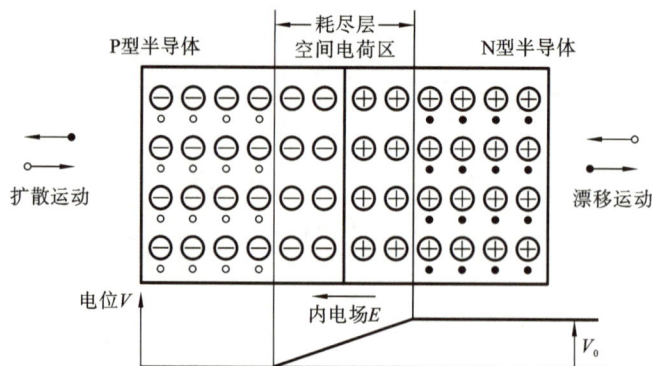

图 3-48 PN 结两侧载流子运动示意图

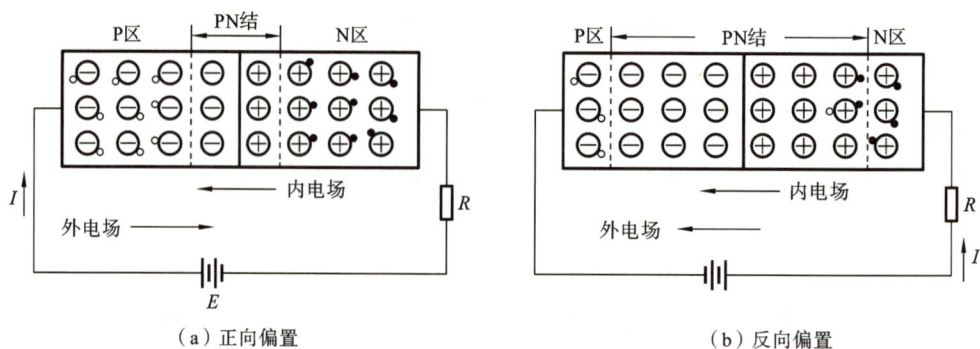

（a）正向偏置 　　　　　　　　（b）反向偏置

图 3-49 PN 结的单向导电性

3.4.2 半导体二极管

1. 二极管的结构及电路符号

将 PN 结两端各引出一条电极引线，并用外壳封装，就构成一个半导体二极管。如图 3-50(a)所示，其电路符号如图 3-50(b)所示。

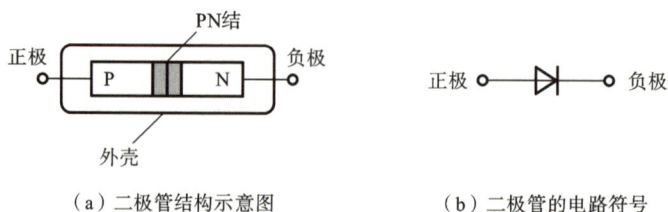

（a）二极管结构示意图 　　　　　（b）二极管的电路符号

图 3-50 二极管结构及电路符号

2. 二极管的分类

二极管的种类繁多，常见的分类方法有以下几种。

按材料,二极管可分为锗二极管、硅二极管、砷化镓二极管等。

按制作工艺,二极管可分为面接触二极管和点接触二极管。

按用途,二极管可分为整流二极管、检波二极管、稳压二极管、变容二极管、光电二极管、发光二极管、开关二极管、快速恢复二极管等。

按结构类型,二极管可分为半导体结型二极管、金属半导体接触二极管等。

按封装形式,二极管可分为常规封装二极管、特殊封装二极管等。

3. 半导体二极管作用

1）整流

整流二极管的作用是将交流电源整流成脉动直流电,它是利用二极管的单向导电特性工作的。因为整流二极管正向工作电流较大,工艺上多采用面接触结构。同时因为这种结构的二极管结电容较大,所以整流二极管工作频率一般小于 3 kHz。

整流二极管主要有全密封金属结构封装和塑料封装两种封装形式。通常情况下额定正向工作电流在 1 A 以上的整流二极管采用金属壳封装,以利于散热;额定正向工作电流在 1 A 以下的采用全塑料封装。另外,由于工艺技术的不断提高,也有不少较大功率的整流二极管采用塑料封装,在使用中应予以区别。

由于整流电路通常为桥式整流电路(见图 3-51(b)),故一些生产厂家将 4 个整流二极管封装在一起使用,俗称桥堆,如图 3-51(a)所示。选用整流二极管时,主要应考虑其最大整流电流、最大反向工作电流、截止频率及反向恢复时间等参数。

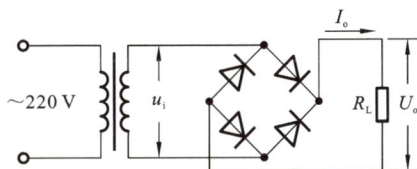

（a）桥堆　　　　　　　　　（b）桥式整流电路

图 3-51　桥堆及桥式整流电路

2）检波

检波二极管是把叠加在高频载波中的低频信号检出来的器件,它具有较高的检波效率和良好的频率特性。检波二极管要求正向压降小,检波效率高,结电容小,频率特性好,其外形一般采用 EA 玻璃封装结构。一般检波二极管采用锗材料点接触型结构。

选用检波二极管时,应根据电路的具体要求来选择工作频率高、反向电流小、正向电流足够大的检波二极管。

3）开关

由于半导体二极管在正向偏置时导通电阻很小,而在反向偏置时电阻很大,类似于对电流起接通和关断的作用,故把用于这一目的的半导体二极管称为开关二极管。

开关二极管主要应用于收录机、电视机、影碟机等家用电器及电子设备有开关电路、检波电路、高频脉冲整流电路等。

4）稳压

稳压二极管又叫齐纳二极管。稳压二极管是利用 PN 结反向击穿时电压基本上不随电流变化而变化的特点来达到稳压的目的，因为它能在电路中起稳压作用，故称为稳压二极管（简称稳压管）。稳压二极管是根据击穿电压来分档的，其稳压值就是击穿电压值。

稳压二极管主要作为稳压器或电压基准元件使用，稳压二极管可以串联起来得到较高的稳压值。

5）快速恢复

快速恢复二极管（简称 FRD）是一种具有开关特性好、反向恢复时间短等特点的半导体二极管，主要应用于开关电源、PWM 脉宽调制器、变频器等电子电路中，作为高频整流二极管、续流二极管或阻尼二极管使用。

快速恢复二极管的内部结构与普通 PN 结二极管的不同，它属于 PIN 结型二极管，即在 P 型硅材料与 N 型硅材料中间增加了基区 I，构成 PIN 硅片。因基区很薄，反向恢复电荷很小，所以快速恢复二极管的反向恢复时间较短，正向压降较低，反向击穿电压（耐压值）较高。

快速恢复二极管图形符号与整流二极符号一样，极性判断方法也与整流二极管一样。

6）发光

发光二极管的英文简称是 LED，它是采用磷化镓、磷砷化镓等半导体材料制成的、可以将电能直接转换为光能的器件。发光二极管除了具有普通二极管的单向导电特性之外，还可以将电能转换为光能。给发光二极管外加正向电压时，它也处于导通状态，当正向电流流过管芯时，发光二极管就会发光，将电能转换成光能。

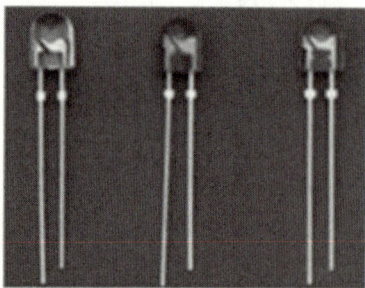

图 3-52　常见发光二极管

发光二极管的发光颜色主要由制作管子的材料以及掺入杂质的种类决定。目前常见的发光二极管（见图 3-52）发光颜色主要有蓝色、绿色、黄色、红色、橙色、白色等。其中白色发光二极管是新型产品，主要应用在手机背光灯、液晶显示器背光灯、照明等领域。

发光二极管的工作电流通常为 2～25 mA。工作电压（即正向压降）随着材料的不同而不同：普通绿色、黄色、红色、橙色发光二极管的工作电压约 2 V；白色发光二极管的工作电压通常高于 2.4 V；蓝色发光二极管的工作电压通常高于 3.3 V。发光二极管的工作电流不能超过额定值太高，否则有烧毁的危险。故通常在发光二极管回路中串联一个电阻 R 作为限流电阻。

红外发光二极管是一种特殊的发光二极管，其外形和发光二极管相似，只是它发出的是红外光,在正常情况下人眼是看不见的。其工作电压约 1.4 V,工作电流一般小于 20 mA。将两个不同颜色的发光二极管封装在一起,使之成为双色二极管(又名变色发光二极管)。这种发光二极管通常有三个引脚,其中一个是公共端。它可以发出三种颜色的光(其中一种是两种颜色的混合色),故通常作为不同工作状态的指示器件。

7) 变容

变容二极管(variable-cacitance diode,VCD)是利用反向偏压来改变 PN 结电容量的特殊半导体器件。变容二极管相当于一个容量可变的电容器,它的电容大小,随着加在变容二极管两端反向电压大小的改变而变化。当加在变容二极管两端的反向电压增大时,变容二极管的容量减小。由于变容二极管具有这一特性,所以它主要用于电调谐回路(如彩色电视机的高频头)中,作为一个可以通过电压控制的自动微调电容器。

4. 半导体二极管的参数

不同类型的二极管有不同的特性参数,常用的有以下几个主要参数。

1) 最大整流电流 I_F

电大整流电流是指二极管长期连续工作时,允许通过的最大正向平均电流值,其值与 PN 结面积及外部散热条件等有关。因为电流通过管子时会使管芯发热,温度上升,当温度超过容许限度(硅管为 141 ℃左右,锗管为 90 ℃左右)时,就会使管芯过热而损坏。所以在规定散热条件下,二极管使用中不要超过二极管最大整流电流值。例如,常用的 IN4001～IN4007 型锗二极管的额定正向工作电流为 1 A。

2) 最高反向工作电压 U_{drm}

加在二极管两端的反向电压高到一定值时,会将管子击穿,失去单向导电能力。为了保证使用安全,规定了最高反向工作电压值。例如,IN4001 二极管反向耐压为 50 V,IN4007 反向耐压为 1000 V。

3) 反向电流 I_{drm}

反向电流是指二极管在常温(25 ℃)和最高反向电压作用下,流过二极管的反向电流。反向电流越小,管子的单方向导电性能越好。值得注意的是,反向电流与温度有着密切的关系,大约温度每升高 10 ℃,反向电流增大一倍。例如,2AP1 型锗二极管,在 25 ℃时反向电流若为 250 μA,温度升高到 35 ℃,反向电流将上升到 500 μA。

4) 动态电阻 R_d

动态电阻是指二极管特性曲线静态工作点 Q 附近电压的变化与相应电流的变化量之比。

5) 最高工作频率 f_m

最高工作频率是指二极管工作的上限频率。因二极管与 PN 结一样,其结电容由势垒电容组成,所以 f_m 的值主要取决于 PN 结结电容的大小。若超过此值,则单向导电性将受影响。

5. 二极管的型号与命名

国产二极管的型号命名由以下五个部分组成:

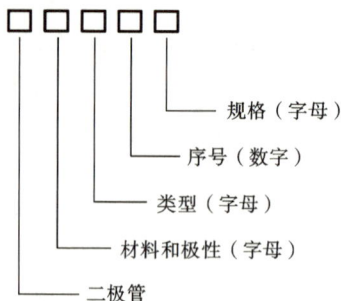

```
        □ □ □ □ □
                └──── 规格（字母）
              └────── 序号（数字）
            └──────── 类型（字母）
          └────────── 材料和极性（字母）
        └──────────── 二极管
```

第一部分：用数字 2 表示二极管；

第二部分：用字母表示生产材料；

第三部分：用字母表示二极管类型；

第四部分：用数字表示生产序号；

第五部分：用字母表示规格号。

二极管型号命名各部分含义如表 3-7 所示。

表 3-7　二极管型号命名对应表

第一部分		第二部分		第三部分				第四部分	第五部分
用数字表示器件电极数目		用字母表示器件的材料和极性		用字母表示器件的类型				用数字表示器件序号	用字母表示规格号
符号	意义	符号	意义	符号	意义	符号	意义		
2	二极管	A	N 型,锗材料	P	普通管	D	低频大功率管		
		B	P 型,锗材料	V	微波管	A	高频大功率管		
		C	N 型,硅材料	W	稳压管	T	半导体闸流管		
		D	P 型,硅材料	C	参量管	Y	体效应器件		
				Z	整流管	B	雪崩管		
				L	整流堆	J	阶跃恢复管		
				S	隧道管	CS	场效应器件		
				N	阻尼管	BT	半导体特殊器件		
				U	光电器件	FH	复合管		
				K	开关管	PIN	PIN 型管		
				X	低频小功率管	JG	激光管		
				G	高频小功率管				

6. 二极管的识别与检测

1）识别

二极管的识别很简单：小功率二极管的负极通常在表面用一个色环标记（见图

3-53);有些二极管也采用"P""N"符号来确定二极管极性,"P"表示正极,"N"表示负极;金属封装二极管通常在表面印有与极性一致的二极管符号;发光二极管则通常用引脚长短来识别正负极,长脚为正,短脚为负。

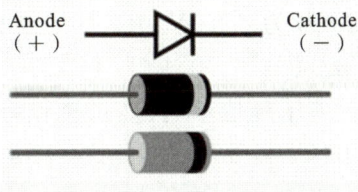

图 3-53　二极管极性标识

　　整流桥的表面通常标注内部电路结构或者交流输入端以及直流输出端的名称,交流输入端通常用"AC"或者"～"表示;直流输出端通常用"＋""～"符号表示。

　　贴片二极管由于外形多种多样,其极性也有多种标注方法:在有引线的贴片二极管中,管体有白色色环的一端为负极;在有引线而无色环的贴片二极管中,引线较长的一端为正极;在无引线的贴片二极管中,表面有色带或者有缺口的一端为负极。

　　2) 二极管检测

　　(1) 用指针式万用表检测二极管。

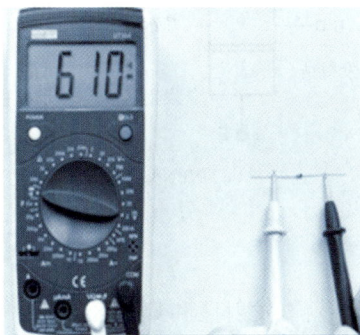

　　用指针式万用表检测二极管(见图 3-54(a))时,万用表挡位选择在电阻挡,黑表笔接二极管的正极,红表笔接负极(有色环一端),正常情况下,二极管正向电阻较小,反向电阻较大。若正反向电阻均为无穷大,则表明二极管已经开路损坏;若正反向电阻均为0,则表明二极管已经短路损坏。

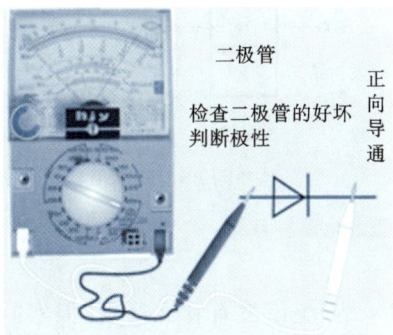

(a) 指针式万用表检测　　　　　　　　(b) 数字万用表检测

图 3-54　二极管检测

　　(2) 用数字万用表检测二极管。

　　用数字万用表检测二极管,红表笔接二极管的正极,黑表笔接二极管的负极,此时测得的阻值才是二极管的正向导通阻值,这与指针式万用表的表笔接法刚好相反。

　　一般情况下,用数字万用表检测二极管时,会选择二极管专用测试挡位(这个挡位

旁有—▶|—标识)会更加方便,测试方法如下:

将数字万用表置于二极管专用测试挡位,然后将二极管的负极与数字万用表的黑表笔相接,正极与红表笔相接,这时数字万用表就会显示二极管的正向偏置时 PN 结的导通电压。如图 3-54(b)所示,数字万用表显示三位数字 610,这三位数字表示的就是二极管正向导通电压,读数时要读为 0.61 V(610/1000＝0.61 V,注意:如果万用表读数是.610,就表明读数已做了处理)。

不同材料的二极管,其正向压降值不同:硅二极管为 0.5～0.7 V,锗二极管为0.15～0.3 V。若显示屏显示"0",需要用电阻挡进一步判断到底是管子内部短路还是断路。

3.4.3 半导体三极管

1. 半导体三极管基础知识

1)三极管的结构

半导体三极管(简称三极管)是内部含有两个类似于二极管的 PN 结,两个 PN 结把整块半导体分成三部分,中间部分是基区(基极 b),两侧部分是发射区(发射极 e)和集电区(集电极 c),排列方式有 PNP 和 NPN 两种,所以三极管就有 NPN 型和 PNP 型两种类型(见图 3-55)。

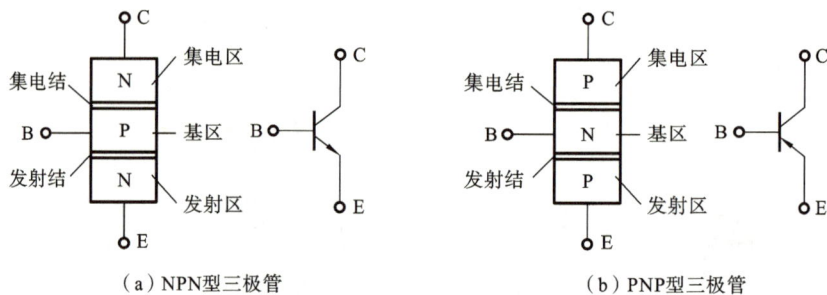

（a）NPN型三极管 （b）PNP型三极管

图 3-55　二极管类型及电路符号

从图形看,发射区和集电区都是一样的 PN 结,应该没有什么区别,但实际在制造三极管时,三极管的三个区域在工艺上却有很大的区别:发射区的多数载流子浓度大于基区,同时基区做得很薄,而集电区的面积比较大,这样,一旦接通电源使三极管开始工作后(三极管工作时,发射结正偏,集电结反偏),由于发射结正偏,发射区的多数载流子(电子)及基的多数载流子(空穴)很容易地越过发射结互相向对方扩散,但因前者的浓度大于后者,所以通过发射结的电流基本上就是电子流,由于基区很薄,加上集电结的反偏,注入基区的电子大部分越过集电结,进入集电区而形成集电极电流。图 3-56所示的就是 NPN 型三极管的生产工艺特点。

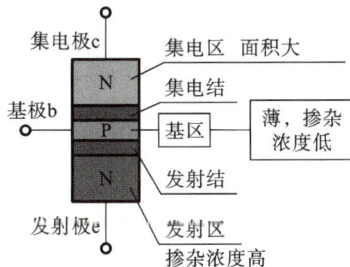

图 3-56 NPN 型三极管的生产工艺特点

2）三极管的作用

晶体三极管具有电流放大作用,其实质是三极管能以基极电流微小的变化量来控制集电极电流较大的变化量,这是三极管最基本的和最重要的特性。三极管虽然是一种电流放大器件,但在实际使用中,常常通过电阻将三极管的电流放大作用转变为电压放大作用。

2. 半导体三极管的分类

半导体三极管的分类的方法如下。

（1）按材质,三极管可分为硅管、锗管。

（2）按结构,三极管可分为 NPN 型、PNP 型。

（3）按功能,三极管可分为开关管、功率管、达林顿管、光敏管等。

（4）按功率,三极管可分为小功率管、中功率管、大功率管。

（5）按工作频率,三极管可分为低频管、高频管、超频管。

（6）按结构工艺,三极管可分为合金管、平面管。

（7）按安装方式,三极管可分为插件三极管、贴片三极管。

3. 三极管的命名

（1）国产三极管型号由五部分组成。

五个部分意义如下：

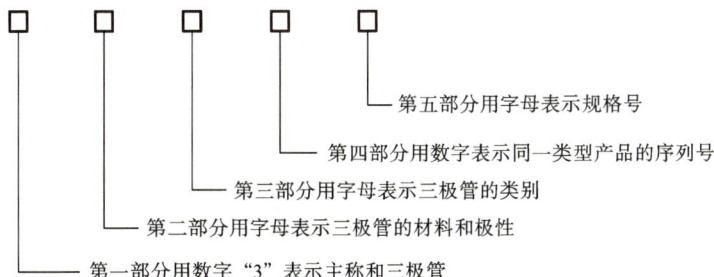

三极管的型号命名与二极管型号命名基本相同,具体如表 3-8 所示。不过需注意：场效应器件、复合管、PIN 型管、激光器件等特殊器件的命名只有第三、四、五部分。

表 3-8　三极管命名规则对应表

第一部分	第二部分	第四部分		第五部分
3 （表示三极管）	A:PNP 型锗材料	X:低频小功率管	序号	规格 （可缺）
	B:NPN 型锗材料	G:高频小功率管		
	C:PNP 型硅材料	D:低频大功率管		
	D:NPN 型硅材料	A:高频大功率管		
	E:化合物材料	K:开关管		
		T:闸流管		
		J:结型场效应管		
		O:MOS 场效应管		
		U:光电管		

（2）美国半导体器件型号的命名法如表 3-9 所示。

表 3-9　美国半导体器件型号的命名规则对应表

第一部分		第二部分		第三部分		第四部分		第五部分	
用符号表示 用途的类型		用数字表示 PN 结的数目		美国电子工业协会 （EIA）注册标志		美国电子工业协会 （EIA）登记顺序号		用字母表示 器件分档	
符号	意义	符号	意义	符号	意义	符号	意义	符号	意义
JAN 或 J	军用品	1	二极管	N	该器件已在美国电子工业协会注册登记	多位数字	该器件在美国电子工业协会登记的顺序号	A B C D …	同一型号的不同档别
		2	三极管						
无	非军用品	3	三个 PN 结器件						
		n	n 个 PN 结器件						

例如，

（1）JAN2N2904

（2）1N4001

（3）日本半导体器件型号的命名法如表 3-10 所示。

表 3-10 日本半导体器件型号的命名规则对应表

第一部分		第二部分		第三部分		第四部分		第五部分	
用数字表示类型或有效电极数		S 表示日本电子工业协会（EIAJ）的注册产品		用字母表示器件的极性及类型		用数字表示在日本电子工业协会登记的顺序号		用字母表示对原来型号的改进产品	
符号	意义	符号	意义	符号	意义	符号	意义	符号	意义
0	光电（即光敏）二极管、晶体管及其组合管	S	表示已在日本电子工业协会（EIAI）注册登记的半导体分立器件	A	PNP 型高频管	四位以上的数字	从 11 开始，表示在日本电子工业协会注册登记的顺序号，不同公司性能相同的器件可以使用同一顺序号，其数字越大越是近期产品	A B C D E F …	用字母表示对原来型号的改进产品
1	二极管			B	PNP 型低频管				
2	三极管、具有两个以上 PN 结的其他晶体管			C	NPN 型高频管				
				D	NPN 型低频管				
3 …	具有四个有效电极或具有三个 PN 结的晶体管			F	P 控制极可控硅				
				G	N 控制极可控硅				
				H	N 基极单结晶体管				
				J	P 沟道场效应管				
n-1	具有 n 个有效电极或具有 n-1 个 PN 结的晶体管			K	N 沟道场效应管				
				M	双向可控硅				

例如，

2SC502A（日本收音机中常用的中频放大管）

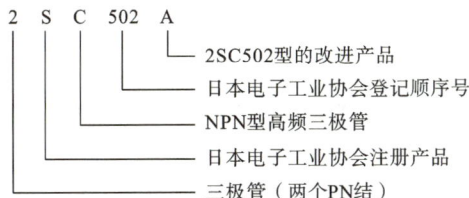

2 S C 502 A

└── 2SC502型的改进产品
└── 日本电子工业协会登记顺序号
└── NPN型高频三极管
└── 日本电子工业协会注册产品
└── 三极管（两个PN结）

（4）国际电子联合会晶体管型号命名法如表 3-11 所示。

表 3-11　国际电子联合会半导体器件型号命名法

第一部分		第二部分				第三部分		第四部分	
用字母表示使用的材料		用字母表示类型及主要特性				用数字或字母加数字表示登记号		用字母对同一型号分档	
符号	意义	符号	意义	符号	意义	符号	意义	符号	意义
A	锗材料	A	检波、开关和混频二极管	M	封闭磁路中的霍尔元件	三位数字	通用半导体器件的登记序号（同一类型器件使用同一登记号）	A B C D E …	同一型号器件按某一参数进行分档的标志
		B	变容二极管	p	光敏元件				
B	硅材料	C	低频小功率三极管	Q	发光器件				
		D	低频大功率三极管	R	小功率可控硅				
C	砷化镓	E	隧道二极管	S	小功率开关管				
		F	高频小功率三极管	T	大功率可控硅	一个字母加两位数字	专用半导体器件的登记序号（同一类型器件使用同一登记号）		
D	锑化铟	G	复合器件及其他器件	U	大功率开关管				
		H	磁敏二极管	X	倍增二极管				
R	复合材料	K	开放磁路中的霍尔元件	Y	整流二极管				
		L	高频大功率三极管	Z	稳压二极管即齐纳二极管				

例如，

<pre>
A F 239 S
            └── AF239 型某一参数的 S 档
         └────── 普通半导体登记序号
      └───────── 高频小功率三极管
   └──────────── 锗材料
</pre>

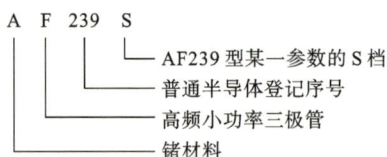

国际电子联合会晶体管型号命名法的特点：

① 这种命名法被欧洲许多国家采用。因此，凡型号以两个字母开头，并且第一个字母是 A/B/C/D 或 R 的晶体管，大都是欧洲制造的产品，或是按欧洲某一厂家专利生产的产品。

② 第一个字母表示材料（A 表示锗管，B 表示硅管），但不表示极性（NPN 型或 PNP 型）。

③ 第二个字母表示器件的类别和主要特点。例如，C 表示低频小功率管，D 表示低频大功率管，F 表示高频小功率管，L 表示高频大功率管，等等。若记住了这些字母的意义，不查手册也可以判断出类别。例如，BL49 型，一见便知是硅大功率专用三极管。

④ 第三部分表示登记顺序号。三位数字者为通用品;一个字母加两位数字者为专用品,顺序号相邻的两个型号的特性可能相差很大。例如,AC184 为 PNP 型,而 AC185 则为 NPN 型。

⑤ 第四部分字母表示同一型号的某一参数(如 hFE 或 NF)进行分档。

⑥ 型号中的符号均不反映器件的极性(指 NPN 或 PNP)。极性的确定需查阅手册或测量。

4.三极管的主要参数

1)直流参数

(1)集电极-基极反向饱和电流 I_{CBO}。

当发射极开路($I_e=0$)时,基极和集电极之间加上规定的反向电压 V_{cb} 时的集电极反向电流,它只与温度有关,在一定温度下是个常数,所以称为集电极-基极的反向饱和电流。良好的三极管的 I_{CBO} 很小,小功率锗管的 I_{CBO} 为 $1\sim10~\mu A$,大功率锗管的 I_{CBO} 可达数毫安,而硅管的 I_{CBO} 则非常小,是毫微安级。

(2)集电极-发射极反向电流 I_{CEO}(穿透电流)。

集电极-发射极反向电流是指当基极开路($I_b=0$)时,集电极和发射极之间加上规定反向电压 V_{ce} 时的集电极电流。I_{CEO} 大约是 I_{CBO} 的 β 倍,即 $I_{CEO}=(1+\beta)I_{CBO}$。I_{CBO} 和 I_{CEO} 受温度影响极大,它们是衡量管子热稳定性的重要参数,其值越小,性能越稳定,小功率锗管的 I_{CEO} 比硅管的大。

(3)发射极-基极反向电流 I_{EBO}。

发射极-基极反向电流是指集电极开路时,在发射极与基极之间加上规定的反向电压时发射极的电流,它实际上是发射结的反向饱和电流。

(4)直流电流放大系数 β_1(或 h_{EF})。

这是指共发射接法,没有交流信号输入时,集电极输出的直流电流与基极输入的直流电流的比值,即

$$\beta_1=I_c/I_b$$

2)交流参数

(1)交流电流放大系数 β(或 h_{fe})。

这是指共发射极接法,集电极输出电流的变化量 ΔI_c 与基极输入电流的变化量 ΔI_b 之比,即 $\beta=\Delta I_c/\Delta I_b$。一般晶体管的 β 为 $10\sim200$,如果 β 太小,电流放大作用差;如果 β 太大,电流放大作用虽然大,但性能往往不稳定。

(2)截止频率 f_β、f_α。

当 β 下降到低频时的 0.707 倍的频率,就是共发射极的截止频率 f_β;当 α 下降到低频时的 0.707 倍的频率,就是共基极的截止频率 f_α。f_β、f_α 是表明管子频率特性的重要参数,它们之间的关系为:$f_\beta\approx(1-\alpha)f_\alpha$。

(3)特征频率 f_T。

因为频率 f 上升时,β 就下降,当 β 下降到1时,对应的 f_T 是全面地反映晶体管的高频放大性能的重要参数。

3）极限参数

（1）集电极最大允许电流 I_{CM}。

当集电极电流 I_c 增加到某一数值，引起 β 值下降到额定值的 2/3 或 1/2，这时的 I_c 值为 I_{CM}。所以当 I_c 超过 I_{CM} 时，虽然不会使管子损坏，但 β 值显著下降，影响放大质量。

（2）集电极最大允许耗散功率 P_{CM}。

集电极电流长时间超过 I_{CM}，三极管温度会急剧升高，同时也会引起其他参数显著变化，所以三极管正常工作时集电极电流不允许超过 I_{CM}，此时对应的集电极耗散功率就为最大集电极耗散功率 P_{CM}。

（3）集电极和发射极击穿电压 BV_{ceo}。

当基极开路时，加在集电极和发射极之间的最大允许电压，使用时如果 $V_{ce} > BV_{ceo}$，则管子就会被击穿。

5. 三极管的识别与检测

1）小功率晶体三极管识别

（1）小功率晶体三极管外形及管脚排列：对于小功率晶体三极管来说，有金属外壳和塑料外壳封装两种，其外形及管脚排列如图 3-57 所示。

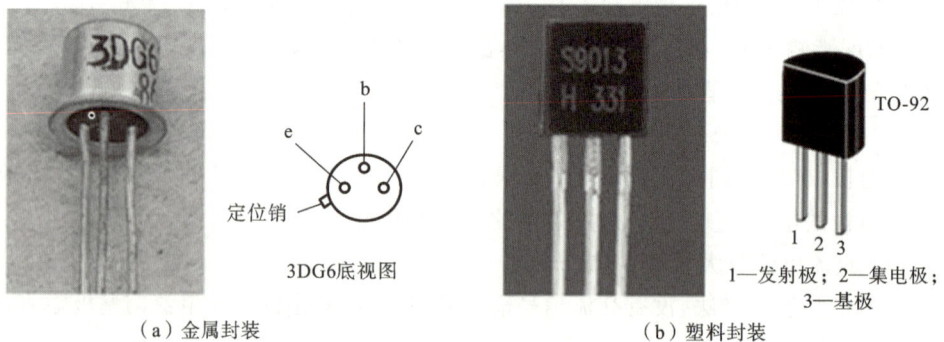

（a）金属封装   （b）塑料封装

图 3-57　小功率晶体管外形及管脚排列

（2）中功率晶体三极管外形及管脚排列：对于中功率晶体三极管来说，主要是塑料外壳封装外加金属散热片，其外形及管脚排列如图 3-58（a）所示。注意：中功率晶体三

（a）中功率三极管外形   （b）大功率三极管外形（正反面）   （c）大功率三极管管脚排列

图 3-58　大功率晶体管外形及管脚排列

极管的集电极和散热片相连。

（3）大功率晶体三极管外形及管脚排列：大功率晶体三极管都是金属封装，其外形及管脚排列如图 3-58（b）所示。

（4）贴片晶体三极管外形及管脚排列：贴片晶体三极管都是小功率三极管，都是塑料封装，其外形及管脚排列如图 3-59 所示。

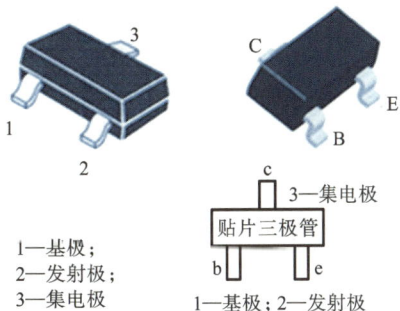

1—基极；
2—发射极；
3—集电极

3—集电极
贴片三极管
1—基极；2—发射极

图 3-59　贴片三极管外形及管脚排列

2）三极管的检测

用数字万用表检测三极管分以下两步进行。

第一步　先判断三极管的类型，如图 3-60 所示。

具体方法是：

（1）根据三极管封装情况，判断三极管的三个管脚（e、b、c）；

（2）用二极管测试挡位判断三极管的管型；红表笔接 b，黑表笔接 e，若万用表有 PN 结的电压读数，则此三极管为 NPN 型；黑表笔接 b 红表笔接 e，若万用表有 PN 结的电压读数，则此三极管为 PNP 型。

第二步　测量三极管的放大倍数，并据此判断其放大性能。

（1）判断出三极管的类型后，将数字万用表旋转至三极管放大倍数测试挡位（hfe）；

（2）将三极管的三个管脚插入放大倍数测试插孔，根据放大倍数判断其性能是否正常，如图 3-61 所示。

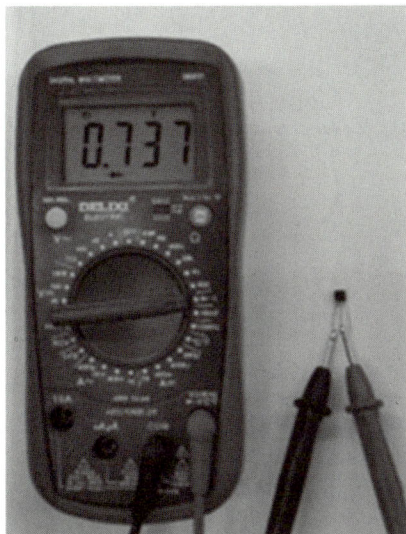

图 3-60　三极管类型测试示意图

图 3-61　三极管放大倍数测试图

3.4.4 场效应管

1. 场效应管的基础知识

场效应管(FET)是利用控制输入回路的电场效应来控制输出回路电流的一种半导体器件,并以此命名。它的外形虽然与半导体三极管相似,也都具有控制电流的作用,但是两者却表现出较大的差异。场效应管中是多数载流子导电,或是电子或是空穴,只有一种极性的载流子,所以又称为单极型晶体管。而半导体三极管靠自由电子和空穴两种载流子导电,也称为双极型晶体管。

场效应管主要有两种类型:一种是结型场效应管(简称 JFET);另一种是绝缘栅型场效应管。

这两类场效应管,按沟道材料型和绝缘栅型又可细分为 N 沟道和 P 沟道两种;按导电方式又可细分为耗尽型 JFET(D-JFET)和增强型 JFET(E-JFET)。结型场效应管均为耗尽型,绝缘栅型场效应管既有耗尽型,也有增强型。

2. 结型场效应管(简称 JFET)

1) 结构

场效应管有三个极:源极(s)、栅极(g)、漏极(d),对应于晶体管的 e、b、c。结型场效应管有 N 沟道和 P 沟道两种,其结构及符号如图 3-62 所示。

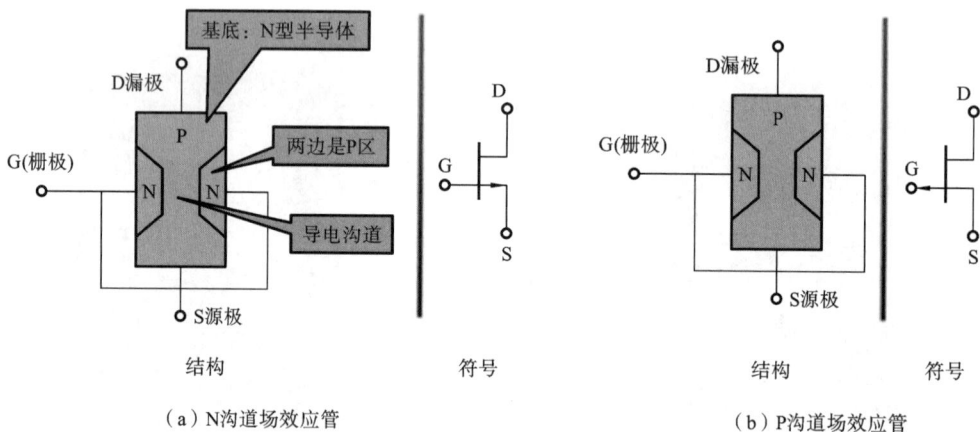

（a）N沟道场效应管　　　　　　　　　　　　　　　（b）P沟道场效应管

图 3-62　场效应管结构符号示意图

2) 工作原理

以 N 沟道为例来简要说明其工作原理,如图 3-63 所示。

在图 3-63 中,当 $V_{GS}=0$ 时,在漏、源之间加有一定电压时,在漏源间将形成多子的漂移运动,产生漏极电流 I_D。当 $V_{GS} \ll 0$ 时,PN 结反偏,形成耗尽层,漏源间的沟道将变窄,I_D 将减小,V_{GS} 继续减小,沟道继续变窄,I_D 继续减小直至为 0。当漏极电流 I_D 为

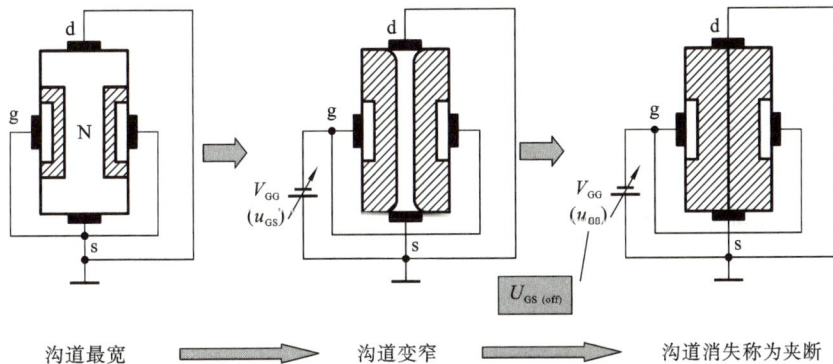

沟道最宽 ⟶ 沟道变窄 ⟶ 沟道消失称为夹断

图 3-63 N 沟道场效应管结构符号示意图

零时所对应的栅源电压 V_{GS} 称为夹断电压 $V_{GS(off)}$，由此可知，其工作原理核心就是通过电压改变沟道的宽窄来实现对输出电流的控制。

对于结型场效应晶体管(JFET)，耗尽型和增强型这两种晶体管在工艺和结构上的差别主要在于其沟道区的掺杂浓度和厚度。D-JFET 的沟道的掺杂浓度较高、厚度较大，以至于栅结的内建电压不能把沟道完全耗尽；而 E-JFET 的沟道的掺杂浓度较低、厚度较小，栅结的内建电压即可把沟道完全耗尽。最常见到的是耗尽型 JFET(D-JFET)。

3. 绝缘栅型场效应管(简称 MOS-FET)

1) 结构

绝缘栅型场效应管的种类较多，有 PMOS、NMOS 和 VMOS 功率管等，但目前应用最多的是 MOS 管。MOS 绝缘栅型场效应管也即金属-氧化物-半导体场效应管，通常用 MOS 表示，简称 MOS 管。它具有比结型场效应管更高的输入阻抗(可达 1012 Ω 以上)，并且制造工艺比较简单，使用灵活方便，非常有利于高度集成化。

图 3-64 所示的是 N 沟道增强型 MOS 管，它是在一块 P 型硅衬底上，扩散两个高

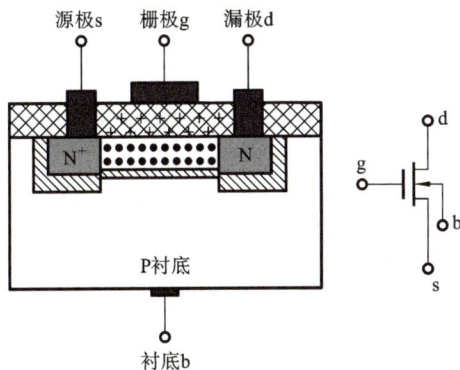

图 3-64 N 沟道绝缘栅型场效应管的结构及符号

浓度掺杂的 N^+ 区,在两个 N^+ 区之间的硅表面上制作一层很薄的二氧化硅(SiO_2)绝缘层,然后在 SiO_2 和两个 N 型区表面上分别引出三个电极,称为源极 s、栅极 g 和漏极 d。在其图形符号中,箭头表示漏极电流的实际方向。

2)工作原理

绝缘栅型场效应管的导电机理是,利用 U_{GS} 控制"感应电荷"的多少来改变导电沟道的宽窄,从而控制漏极电流 I_D。

如图 3-65 所示,若 $U_{GS}=0$ 时,因没有电场作用,不能形成导电沟道,这时虽然漏源间外接有电源 V_{CC},但由于漏源间被 P 型衬底所隔开,漏源之间存在两个 PN 结,因此只能流过很小的反向电流,$I_D \approx 0$;当 $U_{GS} > 0$ 并逐渐增加到 V_T(PN 结的阈值电压)时,漏源之间被 N 沟道连成一体,这时在正的漏源电压 U_{DS} 作用下,N 沟道内的多子(电子)产生漂移运动,从源极流向漏极,形成漏极电流 I_D。显然,U_{GS} 越高,电场越强,表面感应出的电子越多,N 型沟道愈宽沟道电阻越小,I_D 越大。

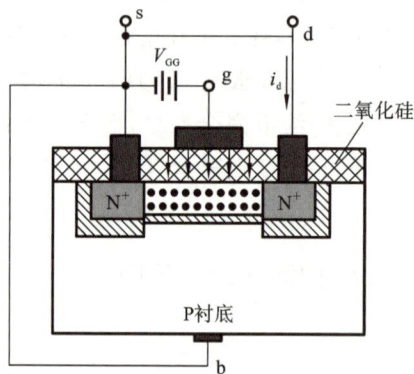

图 3-65 N 沟道绝缘栅型场效应管工作原理图

4. 场效应管与晶体管的比较

(1)场效应管是电压控制元件,而晶体管是电流控制元件。在只允许从信号源取较小电流的情况下,应选用场效应管;而在信号电压较低,又允许从信号源取较大电流的条件下,应选用晶体管。

(2)场效应管是利用多数载流子导电,所以称为单极型器件,而晶体管是既有多数载流子,也利用少数载流子导电,被称为双极型器件。

(3)有些场效应管的源极和漏极可以互换使用,栅压也可正可负,灵活性比晶体管好。

(4)场效应管能在很小电流和很低电压的条件下工作,而且它的制造工艺可以很方便地把很多场效应管集成在一块硅片上,因此场效应管在大规模集成电路中得到广泛应用。

5. 场效应管好坏与极性判别

将数字万用表的量程选择在欧姆挡(挡位稍高点),用红表笔接 D 极,黑表笔接 S

极,用手同时触及一下 G、D 极,场效应管应呈瞬时导通状态,此时万用表应有读数,但是变化非常快,很快就显示"1",再用手触及一下 G、S 极,场效应管应无反应,此时应可判断出场效应管为好管。

特别注意:使用数字万用表测量时,因其欧姆挡的内阻较大,场效应管可能无法导通,测试效果会比较差,用指针式万用表效果会更好一些,不过测量时将万用表的量程选择在 R×1K 挡,用黑表笔接 D 极,红表笔接 S 极,用手同时触及一下 G、D 极,场效应管应呈瞬时导通状态,即表针摆向阻值较小的位置,再用手触及一下 G、S 极,场效应管应无反应,即表针回零位置不动,此时可判断出场效应管为好管。

项目四 焊接技术

学习任务一 焊接常用的工具和材料

4.1.1 焊接工具

在电子产品装配过程中,常用的焊接工具主要有电烙铁、镊子、斜口钳、螺丝刀等。

1. 电烙铁

电烙铁是最常用的手工焊接工具之一,被广泛用于各种电子产品的生产与维修。常见的电烙铁有内热式、外热式、恒温式等,图 4-1 所示的是常用的焊接设备。

1) 外热式电烙铁

外热式电烙铁由烙铁头、烙铁芯、外壳、木柄、电源引线、插头等部分组成。由于烙铁头安装在烙铁芯里面,故称为外热式电烙铁。外热式电烙铁的规格很多,常用的有 25 W、45 W、75 W、100 W 等,功率越大烙铁头的温度也就越高。

2) 内热式电烙铁

内热式电烙铁由手柄、连接杆、弹簧夹、烙铁芯、烙铁头等组成。由于烙铁芯安装在烙铁头里面,因而发热快,热利用率高,故称为内热式电烙铁。内热式电烙铁的常用规格为 20 W、50 W 等。由于它的热效率高,20 W 内热式电烙铁就相当于 40 W 左右的外热式电烙铁。

3) 电焊台

电焊台是利用其内部的磁控开关来控制电烙铁的加热电路,具有自动调节烙铁头温度功能,使烙铁头温度恒定,可以用来焊接贴片、BGA 芯片等对温度要求较高的元

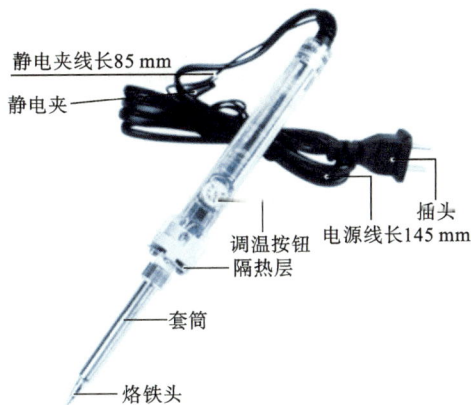

（a）内热式电烙铁

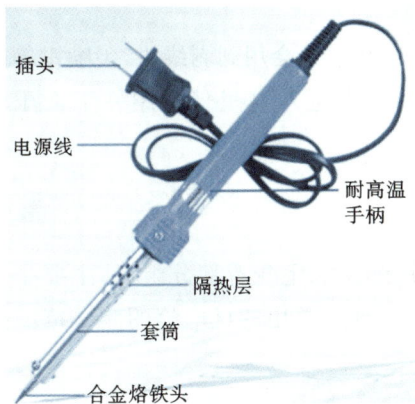

（b）外热式电烙铁

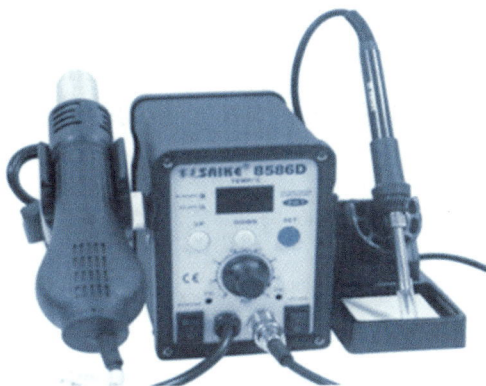

（c）电焊台

图 4-1 焊接设备

件,它同时还配有热风枪,可以用来拆卸 BGA 芯片等元件,因其温度恒定,能很好地保护 BGA 芯片,安全可靠,是贴片和芯片焊接工作不可或缺的焊接设备。

在焊接过程中,当焊接出现问题时就会用到拆焊设备——吸锡器,也称吸锡烙铁,它可以将焊接点上的焊锡吸除,使元件的引脚与焊盘分离。操作时,先将烙铁头放到焊点上,待焊点上的焊锡熔化后,按动吸锡开关,就可将焊点上的焊锡吸掉。

2. 镊子

镊子(见图 4-2(a))主要是在焊接时用来折弯元件管脚、夹拿小型元器件的工具,尤其在焊接贴片元件时是必不可少的工具。

3. 斜口钳

斜口钳(见图 4-2(b))主要是在焊接元件后用来剪掉多余管脚的工具,因其使用方便、管脚平整,是焊接中不可缺少的工具。

（a）镊子　　　　　　　　（b）斜口钳　　　　　　　（c）螺丝刀

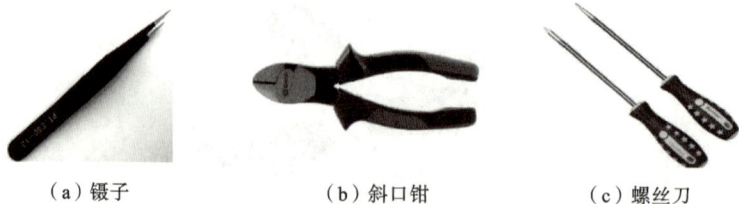

图 4-2　其他焊接设备

4. 螺丝刀

螺丝刀（见图 4-2(c)）也称起子、改锥，主要是用来拆卸螺钉、旋转可调元件，分"一"字型和"十"字型（也称梅花起子）。根据螺钉大小可选用不同规格的螺丝刀，但在拧时，不要用力太猛，以免螺钉滑口。

焊接时除了以上常用的工具外，在处理导线等工作时还会用到剥线钳、尖嘴钳等工具，在通电调试过程中甚至还会用到低压验电器（试电笔），这里仅介绍一下低压验电器。

5. 低压验电器

低压验电器通常又称为试电笔，由氖管、电阻、弹簧和笔身等部分组成，主要是验证低压导体和电气设备外壳是否带电的辅助安全工具。常用的试电笔的测试范围是60～500 V。

使用试电笔时应注意的事项：

（1）使用前，一定要在有电的电源上验电检查氖管能否正常发光。

（2）使用时，手必须接触金属笔挂或试电笔顶部的金属螺钉，但不得接触金属笔杆与电源相接触的部分。

（3）应当避光检测，以便看清氖管的光辉。

（4）试电笔不可受潮，不可随意拆装或受到剧烈震动以保证测试可靠。

4.1.2　焊接常用材料

1. 常用焊料

凡是用来熔合两种或两种以上的金属面，使之成为一个整体的金属或合金都叫焊料。按焊料的组成成分，焊接可分为锡铅焊料、银焊料和铜焊料，在锡铅焊料中，熔点在450 ℃以上的称为硬焊料，熔点在450 ℃以下的称为软焊料。在电子装配中多用锡铅焊料（简称焊锡）。

焊锡由二元或多元合金组成。通常所说的焊锡是指锡和铅的二元合金，即锡铅合金，是一种软焊料。图 4-3(b)所示的是锡铅合金熔化温度随着锡的含量变化而变化的情况,称为锡铅合金状态图。从图 4-3(b)可以看出,T 点合金可由固体直接变成液体或从液体直接冷却成固体,中间不经过半液体状态,因此称 T 点为共晶点。按共晶点配比的合金称为共晶合金。共晶合金是合金焊料中较好的一种,其优点是熔点最低、结晶间隔很短、流动性好、机械强度高,所以在电子产品的焊接中都采用这种比例的焊锡。共晶锡铅合金的含锡量为 63%,含铅量为 37%,按此配比的焊锡叫共晶焊锡,其熔化温度为 183 ℃。

常用的焊料是管状焊锡丝(见图 4-3(a)),它把助焊剂与焊锡一起做成管状,在焊锡管中夹带固体助焊剂。助焊剂一般选用特级松香为基质材料,并添加一定的活化剂。管状焊锡丝一般适用于手工焊接。

（a）锡铅合金焊料结构　　　　　　（b）锡铅合金焊料状态图

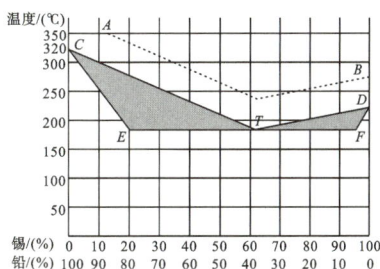

图 4-3　锡铅合金焊锡丝

2．助焊剂

助焊剂主要用于锡铅焊接中,有助于清洁被焊接面,防止氧化,增加焊料的流动性,使焊点易于成形,提高焊接质量。

1）常用的助焊剂

（1）松香酒精助焊剂:这种助焊剂是将松香融于酒精之中,质量比为 1∶3。

（2）消光助焊剂:这种助焊剂具有一定的浸润性,可使焊点丰满,防止搭焊、拉尖,还有较好的消光作用。

（3）中性助焊剂:这种助焊剂适用于锡铅料对镍及镍合金、铜及铜合金、银和白金等的焊接。

2）作用

（1）除氧化膜。

在进行焊接时,为使被焊物与焊料焊接牢靠,就必须要求金属表面无氧化物和杂质,只有这样才能保证焊锡与被焊物的金属表面固体结晶组织之间发生合金反应,即原子状态的相互扩散,因此在焊接开始之前,必须采取各种有效措施将氧化物和杂质除去。

（2）防止氧化。

助焊剂除了上述的去氧化物功能外,还具有加热时防止氧化的作用。由于焊接时必须把被焊金属加热到使焊料润湿并产生扩散的温度,而随着温度的升高,金属表面的氧化就会加速,助焊剂此时就在整个金属表面上形成一层薄膜,包住金属使其与空气隔绝,从而起到了加热过程中防止氧化的作用。

（3）促使焊料流动,减小表面张力。

焊料熔化后将贴附于金属表面,由于焊料本身表面张力的作用,力图变成球状,从而减小了焊料的附着力,而助焊剂则有减小焊料表面张力、促使焊料流动的功能,故使焊料附着力增强,使焊接质量得到提高。

3. 阻焊剂

阻焊剂是一种耐高温的涂料,可使焊接只在所需要焊接的焊点上进行,而将不需要焊接的部分保护起来,以防止焊接过程中的桥连,减少返修,节约焊料,使焊接时印制板受到的热冲击小,板面不易起泡和分层。

学习任务二　手工焊接技术

4.2.1　电烙铁的握法

1. 电烙铁的握法

使用电烙铁的目的是加热被焊件而进行锡焊,绝不能烫伤、损坏导线和元器件,因此必须正确掌握电烙铁的握法。

手工焊接时,电烙铁要拿稳对准,可根据电烙铁的大小、形状和被焊件的要求等不同情况决定电烙铁的握法。电烙铁的握法通常有三种,如图 4-4 所示。

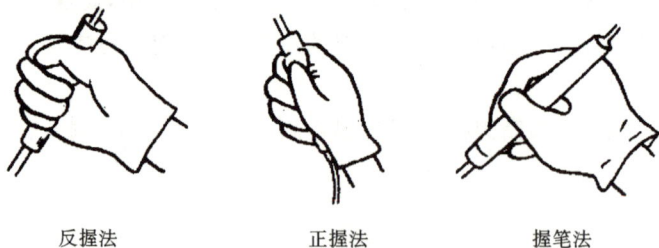

| 反握法 | 正握法 | 握笔法 |

图 4-4　电烙铁的握法

（1）反握法是用五指把电烙铁柄握在手掌内。这种握法焊接时动作稳定,长时间操作不易疲劳。它适用于大功率的电烙铁和热容量大的被焊件。

（2）正握法是用五指把电烙铁柄握在手掌外。这种握法适用于中功率的电烙铁或烙铁头弯的电烙铁。

（3）握笔法类似于写字时手拿笔一样,易于掌握,但长时间操作易疲劳,烙铁头会出现抖动现象,因此适用于小功率的电烙铁和热容量小的被焊件。

2. 焊锡丝的拿法

手工焊接中一手握电烙铁,另一手拿焊锡丝,帮助电烙铁吸取焊料。拿焊锡丝的方法一般有两种:连续锡丝拿法和断续锡丝拿法,具体如图4-5所示。

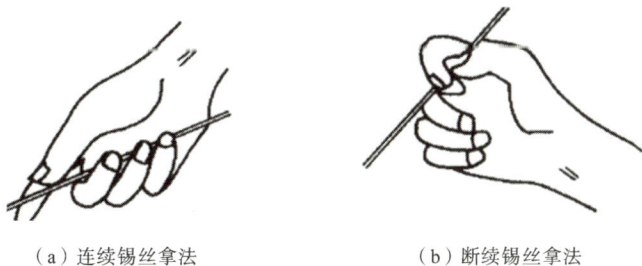

（a）连续锡丝拿法　　　　　　　　（b）断续锡丝拿法

图 4-5　焊锡丝的拿法

4.2.2　焊点基本要求

合格的焊点需要具备的要求:

(1) 焊接点要保证良好的导电性能。为使焊点具有良好的导电性能,必须防止虚焊。虚焊是指焊料与被焊物表面没有形成合金结构,只是简单地依附在被焊金属的表面上,虚焊用仪表测量很难发现,但却会使产品质量大打折扣,以致出现产品质量问题,因此在焊接时应杜绝产生虚焊。

(2) 焊接点要有足够的机械强度。焊点要有足够的机械强度,以保证被焊件在受到震动或冲击时不至于脱落、松动。为使焊点有足够的机械强度,一般可采用把被焊元器件的引线端子打弯后再焊接的方法。

(3) 焊点表面要光滑、清洁。为使焊点表面光滑、清洁、整齐,不但要有熟练的焊接技能,而且还要选择合适的焊料和焊剂。焊点不光洁表现为焊点出现粗糙、拉尖、棱角等现象。

焊点不能出现搭接、短路现象。如果两个焊点很近,很容易造成搭接、短路的现象,因此在焊接和检查时,应特别注意这些地方。

4.2.3　焊接前的准备工作

1. 元器件引线加工成型

元器件在印刷板上的排列和安装方式有两种:第一种是立式;第二种是卧式。加工时,注意不要将引线齐根弯折,并用工具保护引线的根部,以免损坏元器件。

成型后的元器件,在焊接时,尽量保持其排列整齐,同类元件要保持高度一致。各元器件的符号标志向上(卧式)或向外(立式),以便于检查。

2. 镀锡

镀锡又俗称搪锡,元器件引线一般都镀有一层薄的钎料,但时间一长,引线表面产生一层氧化膜,影响焊接。为了装配时焊接工作顺利进行,可预先在元器件的引线、导线端头和各类线端子上挂上一层薄面均匀的焊锡,除少数有良好银、金镀层的引线外,大部分元器件在焊接前都需要镀锡。

镀锡要点:待镀面应清洁元器件、焊片、导线等在加工、存储的过程中带有不同的污物,这些污物严重影响焊接的质量,所以焊接前需要将镀锡清除,一般污染较轻的可用酒精或丙酮擦洗,严重的腐蚀性污点只有用机械办法去除,包括刀刮或砂纸打磨,直到露出光亮金属为止。

4.2.4　焊接步骤和注意事项

1. 焊接"五步法"

对于一个初学者来说,应掌握正确的手工焊接方法,并养成良好的操作习惯,这些是非常重要的。手工焊接的五步操作法如图 4-6 所示。

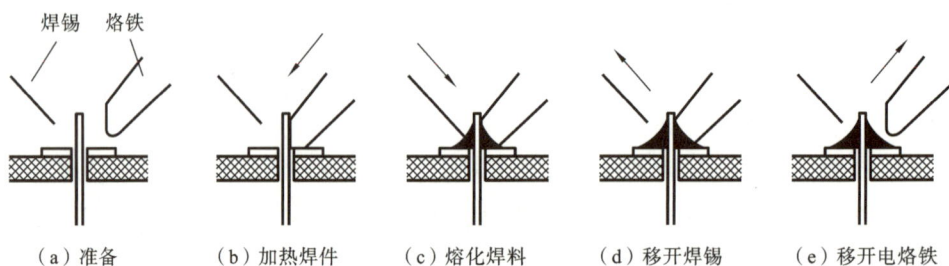

图 4-6　手工五步法焊接示意图

1)焊接准备

将焊接所需材料、工具准备好,如焊锡丝、松香焊剂、电烙铁及其支架等。焊前要对烙铁头进行检查,查看其是否能正常"吃锡"。如果吃锡不好,则将其锉干净,再通电加热并用松香和焊锡将其镀锡,即预上锡,如图 4-6(a)所示。

2)加热焊件

加热焊件就是将预上锡的电烙铁放在被焊点上,如图 4-6(b)所示,使被焊件的温度上升。烙铁头放在焊点上时应注意,其位置应能同时加热被焊件与铜箔,并要尽可能加大与被焊件的接触面,以缩短加热时间,保护铜箔不被烫坏。

3)熔化焊料

待被焊件加热到一定温度后,将焊锡丝放到被焊件和铜箔的交界面上(注意不要放到烙铁头上),使焊锡丝熔化并浸湿焊点,如图 4-6(c)所示。

4)移开焊锡

当焊点上的焊锡已将焊点浸湿时,要及时撤离焊锡丝,以保证焊锡不要过多,焊点不出现堆锡现象,从而获得较好的焊点,如图 4-6(d)所示。

5) 移开电烙铁

移开焊锡后,待焊锡全部润湿焊点,并且松香焊剂还未完全挥发时,就要及时、迅速地移开电烙铁,电烙铁移开的方向以 45°最为适宜,如图 4-6(e)所示。如果移开的时机、方向、速度掌握不好,则会影响焊点的质量和外观。

完成这五步后,焊料尚未完全凝固以前,不能移动被焊件之间的位置,因为焊料未凝固时,如果相对位置被改变,就会产生虚焊现象

上述过程对一般焊点而言,需要两三秒钟。对于热容量较小的焊点,如印制电路板上的小焊盘,有时用四步法概括操作方法,即将上述步骤 2、3 合为一步。实际上细微区分还是五步,所以五步法有普遍性,是掌握手工焊接的基本方法。

2. 焊接时的注意事项

在焊接过程中除应严格按照以上步骤操作外,还应特别注意以下几个方面:

(1) 烙铁的温度要适当。可将烙铁头放到松香上去检验,一般以松香熔化较快又不冒大烟的温度为适宜。

(2) 焊接的时间要适当。从加热焊料到焊料熔化并流满焊接点,一般应在 3 s 之内完成。若时间过长,助焊剂完全挥发,就失去了助焊的作用,会造成焊点表面粗糙,且易使焊点氧化。但焊接时间也不宜过短,时间过短则达不到焊接所需的温度,焊料不能充分融化,易造成虚焊。

(3) 焊料与焊剂的使用要适量。若使用焊料过多,则多余的会流入管座的底部,降低管脚之间的绝缘性;若使用的焊剂过多,则易在管脚周围形成绝缘层,造成管脚与管座之间的接触不良。反之,焊料和焊剂过少易造成虚焊。

(4) 焊接过程中不要触动焊接点。在焊接点上的焊料未完全冷却凝固时,不应移动被焊元件及导线,否则焊点易变形,也可能造成虚焊。焊接过程中还要注意不要烫伤周围的元器件及导线。

3. 加热时间对焊点的影响

加热时间对焊锡、焊件的浸润性及结合层的形成有很大的影响。加热时间不足,造成焊料不能充分浸润焊件,形成夹渣(松香)、虚焊;加热时间过长,除可能造成元器件损坏外,还有如下危害:

(1) 焊点外观变差。如果焊锡已浸润焊件后还继续加热,造成溶态焊锡过热,电烙铁撤离时容易造成拉尖,同时出现焊点表面粗糙颗粒、失去光泽,焊点发白。

(2) 焊接时所加松香焊剂在温度较高时容易分解碳化(一般松香 210 ℃开始分解),失去助焊剂作用,焊点就会有缺陷。实践中看到松香发黑的情况,就是加热时间过长所致。

(3) 印制板上的铜箔是采用黏合剂固定在基板上的,过热就会破坏黏合层,导致印制板上钢箔的剥落。

因此,准确把握焊接的时间是焊接成败的关键。

4. 电烙铁常见故障及其维护

电烙铁在使用过程中常见故障有:电烙铁通电后不热、烙铁头不吃锡、烙铁带电等故障。

1) 电烙铁通电后不热

遇到此故障时可以用万用表的欧姆挡测量插头的两端,如果读数是∞,说明有断路故障。当插头本身没有断路故障时,可用万用表测量烙铁芯的两根引线,如果读数还是∞,则说明烙铁芯损坏,应更换新的烙铁芯。如果测量铁芯两根引线电阻值为 2.5 kΩ 左右,则说明烙铁芯是好的,故障出现在电源引线及插头上,多数故障为引线断路,插头中的接点断开。可进一步测量引线的电阻值,便可发现问题。

更换烙铁芯的方法是:将固定烙铁芯引线螺丝松开,将引线卸下,把烙铁芯从连接杆中取出,然后将同规格新烙铁芯插入连接杆,将引线固定在螺丝上,并注意将烙铁芯多余引线头剪掉,以防止两根引线短路。

2) 烙铁头带电

烙铁头带电可能是电源线错接在接地线的接线柱上,还有可能是电源线从烙铁芯接线螺丝上脱落后,又碰到了接地线的螺丝上,从而造成烙铁头带电。这种故障最容易造成触电事故,并损坏元器件,因此,要随时检查压线螺丝是否松动或丢失。

3) 烙铁头不"吃锡"

烙铁头经长时间使用后,就会因氧化而不沾锡,这就是"烧死"现象,也称为不"吃锡"。

当出现不"吃锡"的情况时,可用细砂纸或锉刀将烙铁头重新打磨或挂出新茬,然后重新镀上焊锡就可继续使用。

4) 烙铁头出现凹坑

当电烙铁使用一段时间后,烙铁头就会出现凹坑,或氧化腐蚀层,使烙铁头的刃面形状发生变化。遇到此种情况,可用挫刀将氧化层及凹坑挫掉,并挫成原来的形状,然后镀上锡,就可以重新使用了。

注意,上述问题情况一般是烙铁头没有镀合金层,很容易氧化造成。

5) 为延长烙铁头的使用寿命,必须注意以下几点:

(1) 经常用湿布、浸水海绵擦拭烙铁头,以保持烙铁头良好的挂锡,并可防止残留助焊剂对烙铁头的腐蚀。

(2) 进行焊接时,应采用松香或弱酸性助焊剂。

(3) 焊接完毕时,烙铁头上的残留焊锡应该继续保留,以防止再次加热时出现氧化层。

4.2.5 焊接质量检查

焊接是电子产品制造中最主要的一个环节,在焊接结束后,为保证焊接质量,都要进行质量检查。

常见的焊接问题如图 4-7 所示。

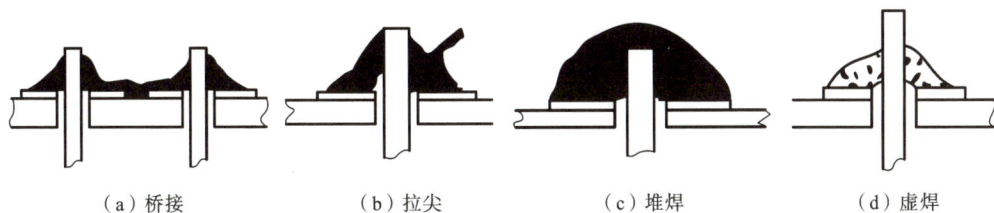

（a）桥接   （b）拉尖   （c）堆焊   （d）虚焊

图 4-7　焊点缺陷示意图

1. 桥接

桥接是指焊料将印制电路板中相邻的印制导线及焊盘连接起来的现象。桥接是由于焊料过多或焊接技术不良造成的,当焊接时间过长使焊料的温度过高时,焊料流动就会与相邻的印制导线相连,以及电烙铁离开焊点的角度过小都容易造成桥接。明显的桥接较易发现,但细小的桥接用目视法是较难发现的,往往要通过仪器的检测才能暴露出来。

处理桥接的方法是将电烙铁上的焊料抖掉,再将桥接的多余焊料带走,断开短路部分。

2. 拉尖

拉尖(俗称毛刺)是指焊点上有焊料尖产生。焊接时间过长,焊剂分解挥发过多,使焊料黏性增加,当电烙铁离开焊点时就容易产生拉尖现象,或是由于电烙铁撤离方向不当,也可产生焊料拉尖。避免拉尖的最根本方法是提高焊接技能,控制焊接时间。对于已造成拉尖的焊点,应进行重焊。

3. 堆焊

堆焊是指焊点的焊料过多,外形轮廓不清,甚至根本看不出焊点的形状,而焊料又没有布满被焊物引线和焊盘。

造成堆焊的原因是焊料过多,或者是焊料的温度过低,焊料没有完全熔化,焊点加热不均匀,以及焊盘、引线不能润湿等。

避免堆焊的办法是彻底清洁焊盘和引线,适量控制焊料,增加助焊剂,或适当提高电烙铁功率。

4. 虚焊

虚焊(假焊)就是指焊锡简单地依附在被焊物的表面上,没有与被焊接的金属紧密结合,形成金属合金。从外形上看,虚焊的焊点几乎是焊接良好,但实际上松动,或电阻很大甚至没有连接。由于虚焊是较易出现的故障,且不易被发现,因此要严格遵守焊接程序,提高焊接技能,尽量减少虚焊的出现。

项目五　常用测量仪器设备使用

▌▌▌学习任务一　万用表的使用

5.1.1　指针式万用表

1. 简介

万用表又称为万能表、多用表等,是专门用来测量电压、电流和电阻等各种参数的电子测量设备。

万用表按显示方式可分为指针式万用表和数字万用表,图 5-1 所示的是常见的几种万用表。这里先介绍指针式万用表。

2. 工作原理

指针式万用表的基本工作原理是利用一只灵敏度比较高的磁电式直流电流表(微安表)做表头,串接或并接一定电(内)阻,然后用来测量不同的参数,图 5-2 所示的是指针式万用表测量不同参数时的等效电路。

当微小电流通过表头时,就会有电流指示。但表头不能通过大电流,必须在表头上并联与串联一些电阻进行分流或降压,从而测出电路中的电流、电压和电阻。

1)测量电阻

在图 5-2(a)所示电路中,在表头上并联和串联适当的电阻,同时串接一节电池,使电流通过被测电阻,根据电流的大小,就可测出(换算)电阻值。改变分流电阻的阻值,就能改变电阻的量程。

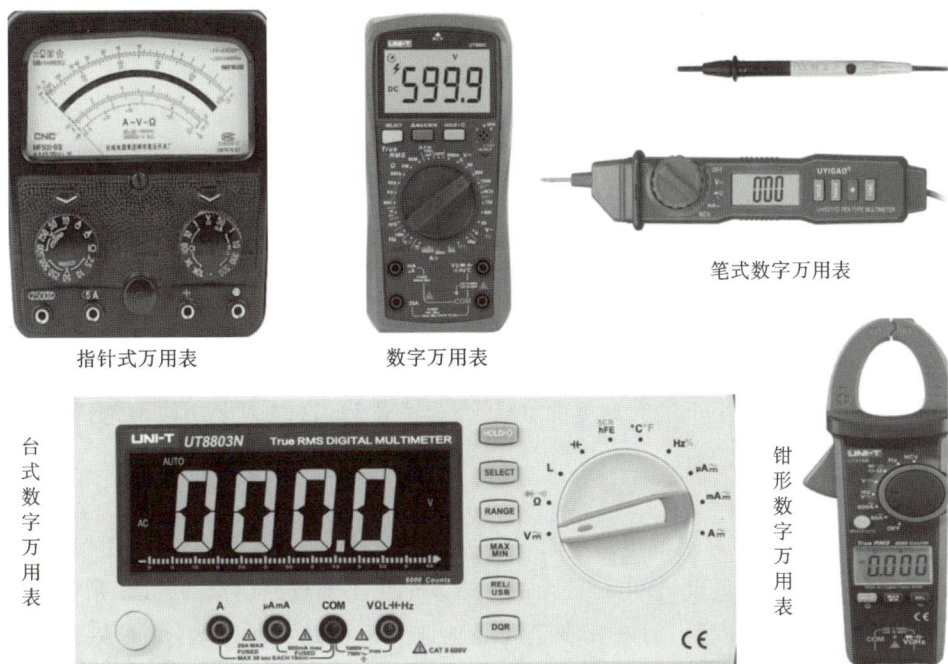

笔式数字万用表

指针式万用表　　　　　数字万用表

台式数字万用表

钳形数字万用表

图 5-1　各种万用表汇总图

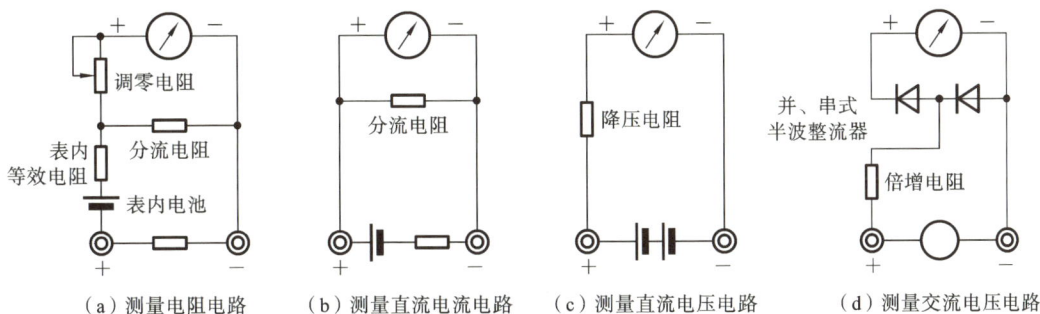

（a）测量电阻电路　　（b）测量直流电流电路　　（c）测量直流电压电路　　（d）测量交流电压电路

图 5-2　指针式万用表测量不同参数的电路

2）测量直流电流

在图 5-2(b)所示电路中,当外电路串接在电流表两端时,就可以直接测出流过外电路的电流,在表头两端并联一个适当的电阻(叫分流电阻)进行分流,就可以扩展电流量程。改变分流电阻的阻值,就能改变电流测量范围。

3）测量直流电压

在图 5-2(c)所示电路中,当外电压并接在电流表两端时,就可以直接测出外电路的电流,此电流与外接电压成正比关系,通过换算就可以把外电路的电压换算出来,在表头上串联一个适当的电阻进行降压,就可以扩展电压量程。改变降压电阻的阻值,就能改变电压的测量范围。

4）测量交流电压

在图 5-2(d)所示电路中,在表头上加装一个并、串式半波整流电路,将交流进行整流变成直流后再通过表头,这样就可以根据直流电流的大小来换算出被测的交流电压。扩展交流电压量程的方法与直流电压量程的相似。

3. 使用方法

(1) 测试前,先把万用表放置水平状态,观察其表针是否处于零点(电流电压刻度的零点,在左边),若不在,则应调整表头下方的"机械零位调整",使指针指向零点。

(2) 根据被测参数,正确选择万用表上的挡位及量程。

若已知被测量的数量级,则选择与其相对应的数量级量程。若不知被测量的数量级,则应选择最大量程开始测量,当指针偏转角太小而无法精确读数时,再把量程减小。一般以指针偏转角不小于最大刻度的 30% 为合适量程(这时刻度比较均匀,读数比较准确)。

(3) 用作电流表。

① 把万用表串接在被测电路中时,应注意电流的方向。即把红表笔(正极)接电流流入的一端,黑表笔(负极)接电流流出的一端。如果不知被测电流的方向,则可以在电路的一端先接好一支表笔,另一支表笔轻轻地碰一下电路的另一端,此时指针向右摆动,说明接线正确;此时指针向左摆动(低于零点),说明接线不正确,应把万用表的两支表笔位置调换。

② 在指针偏转角大于或等于最大刻度 30% 时,尽量选用大量程挡。因为量程越大,分流电阻越小,电流表的等效内阻越小,这时被测电路引入的误差也越小。

③ 在测大电流(如 500 mA)时,千万不要在测量过程中拨动量程选择开关,以免产生电弧,烧坏转换开关的触点。

(4) 用作电压表。

① 把万用表并接在被测电路上,在测量直流电压时,应注意被测点电压的极性,即把红表笔接电压高(正极)的一端,黑表笔接电压低(负极)的一端。如果不知被测电压的极性,可按前述测电流时的试探方法试一试,若指针向右偏转,则可以进行测量;若指针向左偏转,则把红、黑表笔调换位置,方可测量。

② 与上述电流表一样,为了减小电压表内阻引入的误差,在指针偏转角大于或等于最大刻度的 30% 时,尽量选择大量程挡。因为量程越大,分压电阻越大,电压表的等效内阻越大,这对被测电路引入的误差越小。如果被测电路的内阻很大,就要求电压表的内阻更大,才会使测量精度高。此时需换用电压灵敏度更高(内阻更大)的万用表来进行测量。

③ 在测量交流电压时,不必考虑极性问题,只要将万用表并接在被测两端即可。另外,一般也不必选用大量程挡或选高电压灵敏度的万用表。因为一般情况下,交流电源的内阻都比较小。值得注意的是,被测交流电压只能是正弦波,其频率应小于或等于万用表的允许工作频率,否则就会产生较大误差。

④ 不要在测较高的电压(如 220 V)时拨动量程选择开关,以免产生电弧,烧坏转换开关的触点。

⑤ 在测量大于或等于 100 V 的高电压时,必须注意安全。最好先把一支表笔固定在被测电路的公共地端,然后用另一支表笔去碰触另一端测试点。

⑥ 在测量有感抗电路中的电压时,必须在测量后先把万用表断开再关电源。不然在切断电源时,感抗元件的自感现象会产生高压,从而可能把万用表烧坏。

(5)用作欧姆表。

① 测量时应首先调零,即把两表笔直接相碰(短路),调整表盘下面的零欧调整器使指针正确指在 0 Ω 处。这是因为内部干电池随着使用时间加长,其提供的电源电压会下降,当 Rx=0 时,指针就有可能达不到满偏,此时必须调整 Rw,使表头的分流电流降低,来达到满偏电流 Ig 的要求。

② 为了提高测试的精度和保证被测对象的安全,必须正确选择合适的量程挡。一般测电阻时,要求指针在全刻度的 30%～50% 的范围内,这样测试精度才能满足要求。

由于量程挡不同,流过 Rx 上的测试电流大小也不同。量程越小,测试电流越大,否则相反。所以,如果用万用表的小量程欧姆挡 R×1,R×10 去测量小电阻 Rx(如毫安表的内阻),则 Rx 上会流过大电流,如果该电流超过了 Rx 所允许通过的电流,Rx 会烧毁,或把毫安表指针打弯。所以在测量不允许通过大电流的电阻时,万用表应置在大量程的欧姆挡上。同时量程越大,内部干电池电压越高,所以在测量不能承受高电压的电阻时,万用表不宜置在大量程的欧姆挡上。如测量二极管或三极管的极间电阻时,就不能把欧姆挡置在 R×10K 挡,不然易把管子的极间击穿。只能降低量程挡,让指针指在高阻端。但前面已经指出电阻刻度是非线性的,在高阻端的刻度很密,易造成误差增大。

③ 用作欧姆表使用时,万用表内接干电池,对外电路而言,红表笔接干电池的负极,黑表笔接干电池的正极,如图 5-2(a)所示。

④ 测量较大电阻时,手不可同时接触被测电阻的两端,不然人体电阻就会与被测电阻并联,使测量结果不正确,测试值会大大减小。另外,要测电路上的电阻时,应将电路的电源切断,不然不但测量结果不准确(相当于再外接一个电压),还会使大电流通过微安表头,把表头烧坏。同时,还应把被测电阻的一端从电路上焊开,再进行测量,不然测得的值可能包含支路并联电阻。

⑤ 使用完毕后不要将量程开关放在欧姆挡上,为了保护微安级的表头,防止下次开始测量时不慎烧坏表头,应放在空挡或是交流电压的最高挡。

4. 使用时的注意事项

万用表是比较精密的仪器,如果使用不当,不仅造成测量不准确且极易损坏,所以使用万用表时应注意如下事项:

(1)测量电流与电压不能旋错挡位。如果误将电阻挡或电流挡去测电压,就极易烧坏万用表。

(2)测量直流电压和直流电流时,注意"+""-"极性,不要接错。如发现指针开始反转,即应立即调换表棒,以免损坏指针及表头。

（3）如果不知道被测电压或电流的大小，则应先用最高挡，而后再选用合适的挡位来测试，以免表针偏转过度而损坏表头。

（4）测量电阻时，不要用手触及元件的裸露部分的两端（或两支表棒的金属部分），以免人体电阻与被测电阻并联，使测量结果不准确。

（5）测量电阻时，如将两支表棒短接，调"零欧姆"旋钮旋至最大，指针仍然达不到0点，这种现象通常是由于表内电池电压不足造成的，应换上新电池方能准确测量。

5.1.2　数字万用表

1. 数字万用表组成

数字万用表由液晶显示部分、测量电路及转换开关这三个主要部分组成。图 5-3 所示的是常用的 UT890 型数字万用表，旁边是其面板上功能性按钮对应的名称。

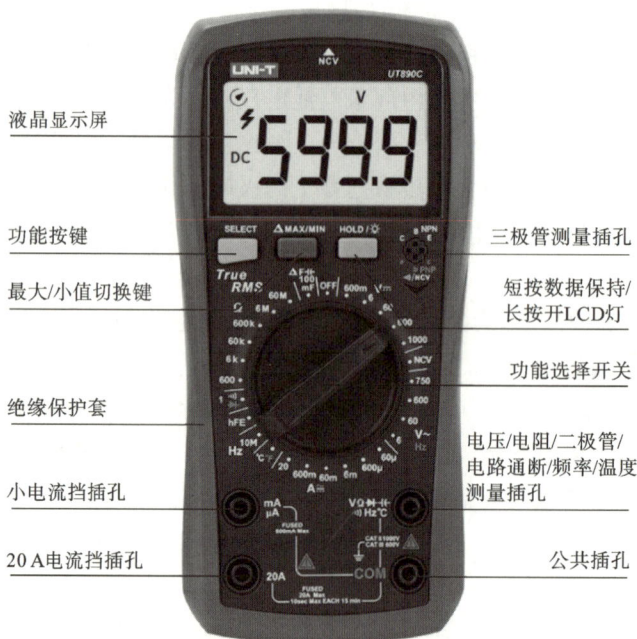

图 5-3　UT890 型数字万用表

1）液晶显示部分

数字万用表的显示位数通常为四位有效数字，其中后三位可以显示 0～9 任意整数，需要注意的是第一位（最高位）并不能完全显示 0～9 的所有整数（0 通常不显示），大部分数字万用表只能显示 0～3 的整数。当高位只能显示 0～1 的整数时，该数字万用表显示的最大值（即满量程）就是 1999；当只能显示 0～2 的整数，则该数字万用表所显示的最大值就是 2999，依此类推；当高位只能显示 0～1 的整数时，最高位就称为半位，这种类型的数字万用表就称为三位半（或 $3\frac{1}{2}$ 位）数字万用表；若高位只能显示 0～

2 的整数,这种类型的数字万用表就称为 $3\frac{2}{3}$ 位数字万用表,后面的就依此类推。

UT890 型数字万用表最高可以显示 5999,超过量程后数据溢出,显示"OL"。

2) 转换开关

UT890 型数字万用表的转换开关主要用来选择不同的测试参数及量程,如图 5-4 所示。

从转换开关外圈的参数符号可以看出,UT890 型数字万用表可以测试的参数有:电阻(欧姆 Ω)、直流电压(V┄)、交流电压(V～)、直流电流(A┄)、交流电流(A～)、三极管放大倍数(hFE)、电容容量(F)、温度(℃℉)、信号频率(Hz)。

图 5-4　UT890 型数字万用表转换开关

3) 测量电路

UT890 型数字万用表核心测量电路是由 A/D 转换器、显示电路等组成的基本量程数字电压表,所有被测参数都需转换成直流电压再进行测量。图 5-5 是 UT890 型数字万用表测量电路工作原理方框图,图 5-6 是 UT890 型数字万用表测量电路工作原理电路图。

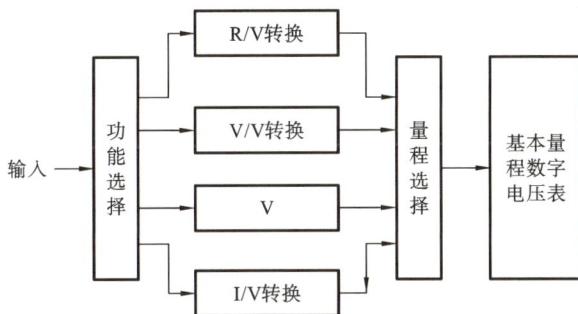

图 5-5　UT890 型数字万用表测量电路工作原理方框图

2. 数字万用表使用方法

在正式测量前,需要先做好下面准备工作:

第一,工作时先将转换开关旋转到所选参数量程位置处,看液晶显示是否正常,万用表在测量数据之前,液晶显示器上显示的值不是 0 就是 1,如果没有显示或显示的值灰暗不清晰,这种情况一般是万用表里面的电池电量不足,需先更换电池,待正常显示后就可以进行下一步检测。

第二,检查万用表的表笔是否插装正确和牢固。黑表笔插装在 COM 插孔,红表笔插装在 V/Ω/mA 插孔,在测量大电流时,红表笔需更换到 20A MAX(最大电流测量值为 20 A)插孔。

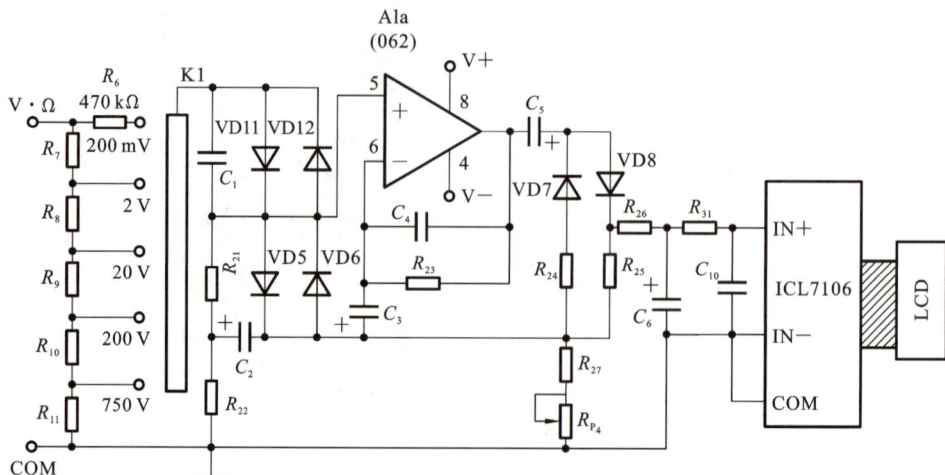

图 5-6　UT890 型数字万用表测量电路工作原理电路图

1）直流电压（V···）测量

将量程转换开关置于 V···挡位，并选择量程，其量程分为五挡：600 mV、6 V、60 V、600 V、1000 V。测量时，将黑表笔插入 COM 插孔，红表笔插入 V/Ω 插孔，测量时若显示器上显示"1"，则表示量程过小，应重新选择较大量程。

2）交流电压（V～）测量

将量程转换开关置于 V～挡位，并选择量程，其量程分为四档：6 V、60 V、600 V、750 V。测量时，将黑表笔插入 COM 插孔，红表笔插入 V/Ω 插孔。测量时不许超过额定值，以免损坏内部电路（注意：显示值为交流电压的有效值）。

3）直流电流（A···）测量

将量程转换开关转到 A···挡位，并选择量程，其量程分为六档：60 μA、600 μA、6 mA、60 mA、600 mA、20 A。测量时，将黑表笔插入 COM 插孔，当测量值低于 600 mA 时，红表笔插入左上标记有 mA 的插孔；当测量值大于 600 mA 且不超过 20 A 时，红表笔插入左下标记 20 A 的插孔（注意：测量电流时，应将万用表串接入被测电路，且红表笔接正极，黑表笔接负极）。

4）交流电流（A～）测量

交流电流的测量方法与直流电流测量方法相同，不过测量交流电流时无正负极之分。

5）电阻测量

电阻挡量程分为六挡：600 Ω、6 kΩ、60 kΩ、600 kΩ、6 MΩ、60 MΩ。测量时，将量程转换开关置于 Ω 挡位，根据被测电阻的大小选择合适的量程，将黑表笔插入 COM 插孔，红表笔插入 V/Ω 插孔（注意：在有源电路中测量电阻时，应先切断电路的电源）。

6）电容测量

电容挡量程只有一个 100 mF，测量时，将量程转换开关置于 F 挡位。

电容分无极性电容和有极性电容，因为无极性电容测量方法比较简单，这里只介绍有极性电容（指的是电解电容）的测量方法，具体如下。

（1）先判断电解电容极性，它有两种方法。

第一种方法：未使用并且管脚的长度保持出厂原样的，管脚长的为正极、短的为负极；

第二种方法：有负极标记的，靠近负极标记的管脚为负极。

（2）测量电解电容的容量，具体步骤是：

第一步　根据电解电容容量标识，选择万用表电容测试量程（UT890型数字万用表只有一个挡位）；

第二步　先给电解电容放电（用单只表笔短接电容的两只管脚），然后万用表红表笔接正极、黑表笔接负极（充电）；

第三步　读数、记录。

结论：若读数与标称值接近，则表明电容正常；反之就已损坏。

7）二极管测试

二极管测试分两步进行：

第一步　先判断出二极管的正负极（发光二极管的长脚是正极，短脚为负极，整流二极管有色环的那一端是负极），再将挡位旋转至二极管测试挡（━▶▏━）。

第二步　红表笔接二极管的正极，黑表笔接二极管的负极，得到二极管正向导通电压（发光二极管的导通电压为 1.5～2.0 V，整流二极管的导通电压为 0.5～0.7 V），据此，判断其性能是否正常。

8）三极管 hFE 的测试

三极管 hFE 测试前，首先需要确定三极管是 NPN 型还是 PNP 型，然后将量程转换开关置于 hFE 挡位，再将 E、B、C 分别插入相应插孔，这样就可以测到被测三极管的 hFE 数值。

9）频率测量

UT890型数字万用表信号频率测试挡位只有一个 10M 量程（测量范围为 10 Hz～10 MHz），测量时，将量程转换开关置于 Hz 挡，红表笔插入标记有"Hz"的插孔，黑表笔插入"COM"插孔，将被测信号源接入红黑表笔两端，这样就可以在显示屏上读出被测信号源的频率。

10）温度测量

UT890型数字万用表附带了一支可以测量温度的热电偶（测量温度专用的传感器），它测量温度的挡位标识符号是℃℉，测量时，将量程转换开关置于温度测试挡，将 K 型热电偶的红插头插入标记"℃"的插孔，黑色插头插入"COM"插孔，探头感温端紧贴被测物体上，数值稳定后显示屏上的读数就是被测物体的温度。

3. 使用数字万用表的注意事项

（1）被测信号不允许超过规定的极限值，以防电击和损坏仪表。

（2）测量高电压时要注意避免触电；被测直流电压高于 60 V 或交流电压高于 30 Vrms 的场合，应小心谨慎，防止触电。

（3）测量电流时，若屏幕显示"1"，则表示量程偏小，应及时换至更高量程。

（4）当液晶显示屏提醒电池电压过低时（▆▆▆），为确保测量精度，请及时更换电池。

（5）不要在高温、高湿环境中使用仪表，尤其不能在潮湿环境中存放，受潮后仪表性能可能变坏。

（6）维护和保养时用湿布和温和的清洁剂清洗仪表外壳，切勿使用研磨剂或有机溶剂。

学习任务二　示波器的使用

5.2.1　示波器的简介

1. 示波器的组成

示波器是一种用来测量交流或脉冲信号形状的仪器，它主要由示波管、放大器、面板等组成，核心部件是示波管。示波器除观测波形外，还可以测定波形的频率、电压、周期、相位、调幅系数等；在医学上利用传感器，示波器还可测量人体的某些生理现象，总之，凡可变为电效应的周期性物理过程都可以用示波器进行观测。图 5-7 所示的就是目前常用的两种示波器，左边是模拟信号示波器，右边是数字信号示波器。

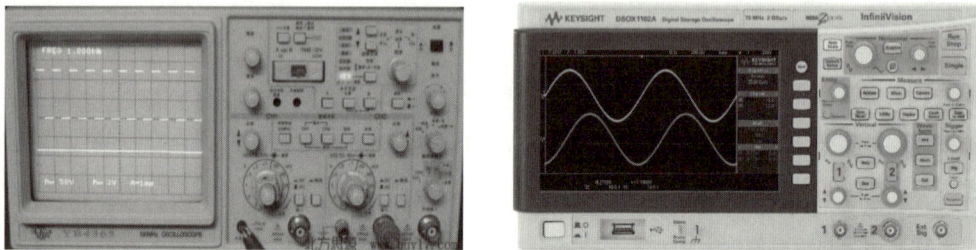

图 5-7　常用示波器外形

示波管也称阴极射线管，是示波管的主要部件，它主要由三部分组成：电子枪、偏转线圈、荧光屏（包括真空管、荧光粉层、玻璃外壳等），图 5-8 是示波管的组成结构图。

（1）电子枪。

电子枪由灯丝、阴极、栅极、加速极、聚焦极和阳极组成。电子枪位于示波管的最底端，从本质上讲，电子枪是体积更大、功率更大的二极管，电子枪发射的电子束经过聚焦板后被进一步加速，然后经偏转线圈进行路径控制，它是示波管的心脏。

（2）偏转线圈。

偏转线圈是控制示波管里电子束偏转的组件，用以实现成像功能。偏转线圈由一

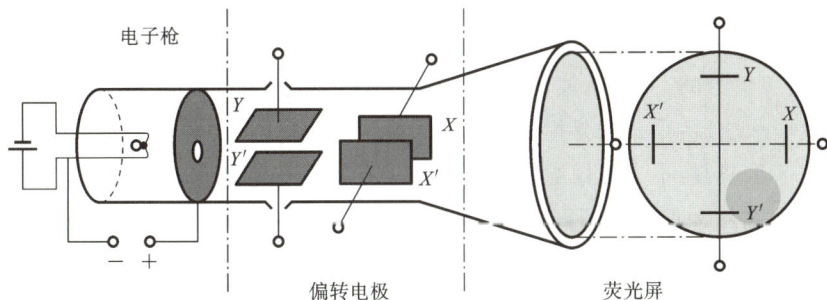

图 5-8　示波管

对水平线圈和一对垂直线圈组成,每一对线圈由两个圈数相同、形状完全一样、互相串联或并联的绕组组成,当给水平和垂直线圈通过一定的电流时,两对线圈都将产生磁场:水平方向线圈产生的磁场使电子束作垂直方向偏转,垂直方向线圈产生的磁场使电子束作水平方向偏转。

（3）荧光屏。

荧光屏是示波管实现电光转换的部件,当电子束轰击荧光粉时,会使荧光粉发光,它要求发出的光不仅要亮度而且发光效率还要足够高,发光光谱要适合人眼观察,而且图像分辨率高、传递效果好。

荧光屏由屏面玻璃、涂覆在玻壳内表面的荧光粉层和叠于荧光粉层上面的铝膜共同组成。为了减少光晕和光反射使对比度的下降,示波管的最外层玻璃外壳采用烟灰色玻璃,玻璃内壁涂一层荧光膜,受电子轰击而发光。

示波管的发光颜色与荧光粉颜色有关,黑白荧光屏的荧光粉一般用发黄光和发蓝光的两种荧光粉按一定比例混合制成;彩色荧光屏根据三基色原理涂敷的是红、绿、蓝三种颜色的荧光粉。在荧光粉层表面还蒸镀了一层 $0.1 \sim 0.5$ μm 的铝膜,并使之与电子枪的阳极相连,使电子束很容易通过,不仅可以提高图像显示性能,还可以加大荧光粉的发射效率和荧光屏的亮度,而且还可遮挡后面的杂散光,增强了对比度。

荧光粉受电子轰击后而发光,电子束停止轰击后又变暗,但因其由暗到亮、又从亮变暗有一个过程,通常把电子束停止轰击后光亮并非立即消失的现象称为荧光粉的余辉特性。示波管正是利用荧光粉的余辉特性和人体肉眼反应延迟,当前一个电子束扫描周期结束后,下一个扫描周期到来前,我们依然能在屏幕上看到一幅完整的图像。考虑到重现图像的连续性,示波管的荧光粉应采用中短余辉荧光粉,即余辉时间为 $5 \sim 20$ ms,同时还要求荧光粉的余辉时间适当,机械、化学、热稳定性好,寿命长。

示波管荧光屏里面的真空管是由屏玻璃、锥体和管颈组成,里面抽成真空,锥体内、外壁均涂了一层石墨导电层,内壁涂层接阳极,外壁用弹簧连接金属屏蔽导线,一起接在显示器地线（底板）,两导电层之间就形成数百微法的大电容,作为阳极高压过滤之用。管锥体部分还装有高压嘴,它与示波管内部高压阳极相连,为高压供电端。内壁石墨层与高压阳极相连,形成一个等电位空间,以保证电子束流进入管锥体空间后能高速径直飞向荧光屏,不会产生杂乱偏离或散焦。

2．示波器分类

（1）按照信号的不同，示波器可分为模拟示波器、数字示波器。

① 模拟示波器：采集的是模拟信号。

② 数字示波器：是通过模数转换器（A/D）把被测模拟信号转换为数字信号。

（2）按照结构和性能的不同，示波器可分为普通示波器、多用示波器、多线示波器、多踪示波器、取样示波器、记忆示波器、数字示波器。

① 普通示波器：电路结构简单，频带较窄，扫描线性差，仅用于观察波形。

② 多用示波器：频带较宽，扫描线性好，能对直流、低频、高频、超高频信号和脉冲信号进行定量测试。

③ 多线示波器：采用多束示波管，能在荧光屏上同时显示两个以上同频信号的波形，没有时差，时序关系准确。

④ 多踪示波器：具有电子开关和门控电路的结构，可在单束示波管的荧光屏上同时显示两个以上同频信号的波形，但存在时差，时序关系不准确。

⑤ 取样示波器：采用取样技术将高频信号转换成模拟低频信号进行显示，有效频带可达 GHz 级。

⑥ 记忆示波器：采用存储示波管或数字存储技术，将单次电信号瞬变过程、非周期现象和超低频信号长时间保留在示波管的荧光屏上或存储在电路中，以供重复测试。

⑦ 数字示波器：内部带有微处理器，外部装有数字显示器。

5.2.2　示波器的使用

1．面板介绍（4320C 型双通道示波器）

4320C 型双通道示波器如图 5-9 所示。

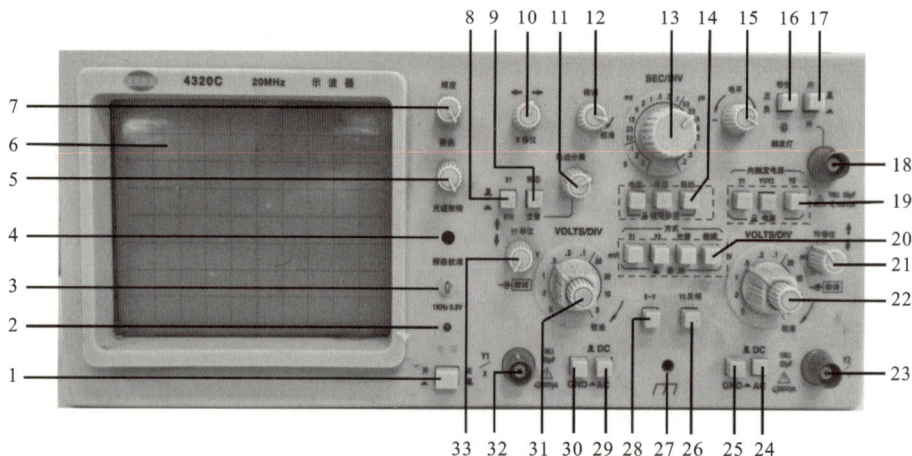

图 5-9　4320C 型示波器的面板

面板上功能旋钮比较多,这里按照面板布局分成四部分介绍。

第一部分:显示屏部分(位于面板左边)。

(1)电源开关:将示波器的电源线插头插入交流电源,按示波器电源的"开关"键,示波器就可以开始工作了;工作结束后再将电源开关按钮按出即可关闭示波器。

(2)电源指示灯:电源接通时指示灯亮。

(3)示波器校准信号(CAL):提供 1 kHz、0.5Vp-p 标准方波信号,作为本机 Y 轴通道、X 轴通道校准信号。

(4)光迹(水平基线)旋转按钮:里面是半固定的电位器,用来调整水平轨迹与刻度线的水平重合。

(5)聚焦旋钮:调节轨迹或亮点的清晰度。

(6)荧光屏:显示被测电压波形,上面的格子便于测量时读数。

(7)辉度旋钮:调节光迹的亮度,顺时针方向旋转亮度增加。

第二部分:垂直方向部分(位于中下方)。

Y1 通道输入信号控制按钮:

(29)Y1 通道输入信号耦合方式选择(AC-DC):交流(AC)、直流(DC)。

(30)Y1 通道输入信号接地:按钮按入后 Y1 输入信号接地。

(31)Y1 通道垂直偏转因数选择旋钮(VOLTS/DIV):用于选择垂直偏转因数;旋钮里还套有一个小旋钮,它是校准旋钮(CAL),顺时针旋转就可以校准 Y1 通道信号。

(32)Y1 通道信号输入端:Y1 通道信号从此端口输入。

(33)Y1 通道信号移位旋钮:旋转此旋钮可以调节 Y1 通道信号在屏幕中垂直方向(上下)的位置。

Y2 通道输入信号控制按钮:

(20)垂直通道工作模式选择(Y1—Y2—交替—断续):Y1——Y1 通道单独工作,屏幕上仅显示 Y1 通道的信号;Y2——Y2 通道单独工作,屏幕上仅显示 Y2 通道的信号;交替——Y1 和 Y2 两个通道轮流工作;断续——输入通道的信号周期性出现(断续频率为 250 kHz,适用于低频信号);叠加——Y1 和 Y2 两个通道都工作,显示 Y1 和 Y2 输入信号的代数和(即双踪信号)。

(21)Y2 通道信号移位旋钮:旋转此旋钮可以调节 Y2 通道信号在屏幕中垂直方向(上下)的位置。

(22)Y2 通道垂直偏转因数选择旋钮(VOLTS/DIV):用于选择垂直偏转因数;旋钮里还套有一个小旋钮,它是校准旋钮(CAL),顺时针旋转就可以校准 Y2 通道信号。

(23)Y2 通道信号输入端:Y2 通道信号从此端口输入。

(24)Y2 通道输入信号耦合方式选择(AC-DC):交流(AC)、直流(DC)。

(25)Y2 通道输入信号接地:按钮按入后 Y2 输入信号接地。

(26)Y2 反相:按键按入,Y2 通道的输入信号就被反相。

(27)示波器外壳接地点。

(28) X-Y 输出:Y2 通道的输入信号被反相后,再和 Y1 通道的信号进行叠加。

第三部分:水平方向扫描部分。

(8) 时基因数扩展键(×10):按下去时,时基因数扩展 10 倍(注意:扩展只是为了方便观测波形,在计算时一定要把扩展的倍数去除,否则结果就偏差很大)。

(9) 时基因数扩展后信号显示模式(常态—交替):常态——正常显示扩展后的信号;交替——扩展前后的信号交替显示。

(10) 水平移位:用于调节光迹在水平方向移动。顺时针方向旋转该旋钮,光迹向右移动,逆时针方向旋转该旋钮,光迹向左移动。

(11) 轨迹分离:在时基因数扩展信号显示模式为"交替"时,旋转该旋钮,可以把扩展后的信号与扩展前的信号轨迹错开(扩展后的信号沿水平方向移动)。

(12) 时基因数微调(校准):当示波器加入校准信号时,顺时针旋转就可以校准时基因数。

(13) 时基因数(也称水平扫描速度)选择旋钮(TIME/DIV):分 20 挡,从 0.2 μs/DIV 到 0.5 s/DIV,用来测量波形的周期(或频率)。

第四部分:触发部分。

(14) 触发方式选择:有三种,即自动、常态、电视。

自动:在"自动"扫描方式时,扫描电路自动进行扫描。在没有信号输入或输入信号没有被触发同步时,屏幕上仍然可以显示扫描基线。

常态:有触发信号时才产生扫描;在没有信号和非同步状态下,没有扫描线显示。当输入信号的频率低于 50 Hz 时,请用"常态"触发方式。

电视:用来观察电视信号的波形。

(15) 触发电平旋钮:用于调节被测信号在某选定电平触发,当旋钮转向"+"时显示波形的触发电平上升,反之触发电平下降。

(16) 触发极性按钮:用于选择是从信号的上升沿("+")触发,还是选择从下降沿("-")触发。

(17) 触发信号选择:示波器默认是选择内部信号触发,当需要外部信号(特殊信号)触发时,将此键按入。

(18) 外触发信号输入端子:外部触发信号由此端口输入。当使用该功能时,开关(17)应设置外触发的位置上。

(19) 触发源选择(Y1—Y1/Y2—Y2):Y1——选择 Y1 通道的输入信号作为内部触发信号;Y2——选择 Y2 通道的输入信号作为内部触发信号;Y1/Y2——交替触发,Y1、Y2 通道的输入信号交替作为内部触发信号。在双踪交替显示时,触发信号来自Y1、Y2 通道,此方式可用于同时观察两路不相关信号。

2. 示波器测试应用

示波器因为有示波管,为了保证测量数据的稳定和可靠,在使用前需要通电预热,尤其是在冬天,需要提前预热 5~10 min 才可以正常使用。

1）电压测量

示波器可以测量各种波形的电压幅度,既可以测量直流电压和正弦电压,还可以测量脉冲或非正弦电压的幅度,甚至有的示波器还可以测量一个脉冲波形各部分的电压幅值,如上冲量或顶部下降量等,这是其他任何电压测量仪器都不能比拟的。

（1）交流电压测量。

将 Y 轴输入耦合开关置于"AC"位置,显示出输入波形的交流成分。将被测波形移至示波管屏幕的中心位置,用"V/div"开关将被测波形控制在屏幕有效工作面积的范围内,按坐标刻度尺的分度读取整个波形所占 Y 轴方向的度数 H,则被测电压的峰-峰值 $V_{\text{p-p}}$ 可等于"V/div"开关指示值与 H 的乘积。如果使用 10 倍衰减（×10）探头测量时,应把探头的衰减量计算在内,即把上述计算数值乘 10。

例如,在图 5-10 中,如示波器的 Y 轴灵敏度开关"V/div"位于 0.2 挡级,被测波形占 Y 轴的坐标幅度 H 为 6div,则此信号电压的峰-峰值为 1.2 V。如果经 10 倍衰减探头测量,仍指示上述数值,则被测信号电压的峰-峰值就为 12 V。

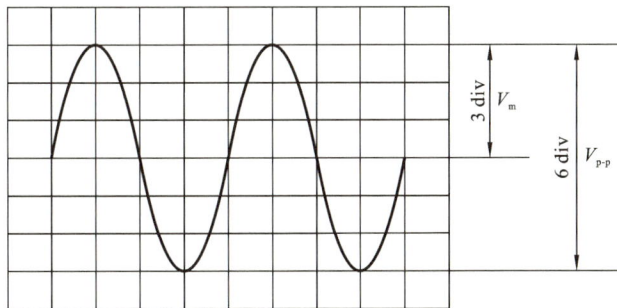

图 5-10　示波器测量交流电压（$V_{\text{p-p}}$）

（2）直流电压测量。

将 Y 轴输入耦合开关置于"地"位置,触发方式开关置"自动"位置,使屏幕显示一水平扫描线,此扫描线便为零电平线。

将 Y 轴输入耦合开关置"DC"位置,加入被测电压,此时,扫描线在 Y 轴方向产生跳变位移 H,被测电压即为"V/div"开关指示值与 H 的乘积。

上述测量时需要注意,直接测量法简单易行,但误差较大。产生误差的因素有读数误差、视差和示波器的系统误差（衰减器、偏转系统、示波管边缘效应）等。

2）时间测量

示波器可以用来测量波形的时间参数。测量时先将示波器的时基因数选择开关"t/div"的"微调"装置旋转至校准位置,输入被测信号,其波形在水平方向一个周期内所占的刻度乘上时基因数旋钮"t/div"指示值就是被测信号的周期时间。

例如,在图 5-11 中,示波器的时基因数旋钮"t/div"位于 0.1 ms 挡级,被测波形一个周期的波形在 X 轴方向占的坐标幅度 D 为 4div,则此信号的周期是：$T=0.1×4$ ms $=0.4$ ms。

3）相位测量

利用示波器测量两个同频率正弦电压之间的相位差。测量时,将相位超前的信号接入 CH2 通道,另一个信号接入 CH1 通道,适当调整"Y 位移",使两个信号重叠(同时触发)起来,如图 5-12 所示,可从图中直接读出 x_1 和 x_2 的长度,通过公式计算就可以得到相位差。

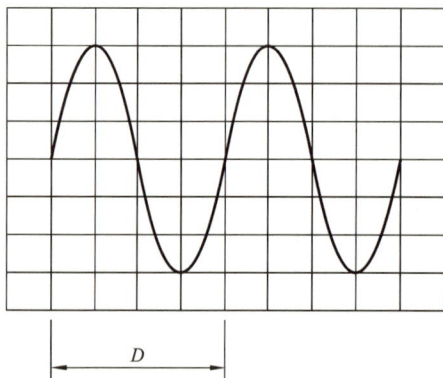

图 5-11　示波器测量交流信号的周期　　　　图 5-12　双踪法测量相位

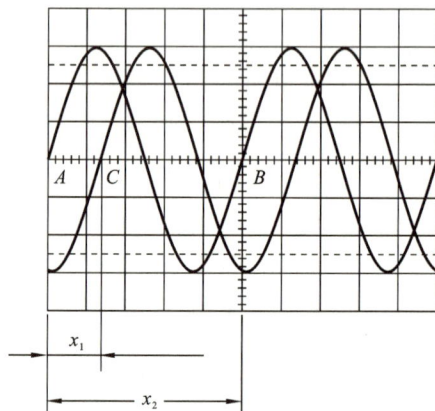

计算公式:

$$\Delta\theta=\frac{x_2}{x_1}\times360°$$

式中:x_1 和 x_2 的单位为 div。

学习任务三　信号发生器的使用

5.3.1　信号发生器的简介

1. 信号发生器的组成

信号发生器也称信号源,主要是为电路提供电信号的设备,图 5-13 所示的是常用的两种信号发生器,左边是低频(模拟)信号发生器,右边是数字信号发生器。

信号发生器主要由振荡器、变换器、指示器、电源及输出电路等单元组成,如图 5-14 所示。

1）振荡器

振荡器是信号发生器的核心部分,主要产生频率可调的正弦波信号,一般由 RC 振荡电路或差频式振荡电路组成。振荡器决定输出信号的频率范围和稳定度。

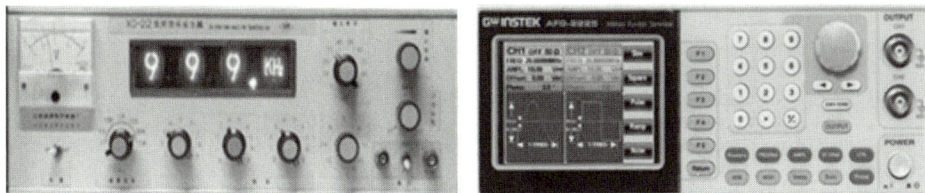

图 5-13 信号发生器

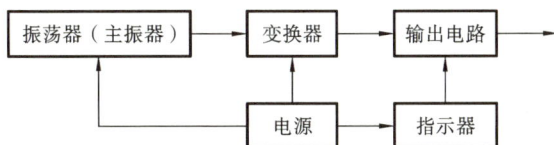

图 5-14 信号发生器基本组成方框图

2) 变换器

变换器用来对主振荡信号进行放大、整形及调制等工作。

3) 输出电路

输出电路的基本作用是调节信号的输出电平和变换输出阻抗。

4) 指示器

指示器用于监测输出信号的电平、频率及调制度。

5) 电源

电源为电路各部分提供所需要的工作电压。

2. 信号发生器的工作原理

主振器产生正弦振荡信号,经电压放大器放大,达到电压输出幅度的要求,再经输出衰减器就可直接输出电压波形。

3. 信号发生器的分类

(1) 按用途,信号发生器可分为通用信号发生器和专用信号发生器两大类。

(2) 按输出信号的波形,信号发生器可分为正弦信号发生器、脉冲信号发生器、函数信号发生器、噪声信号发生器等。

(3) 按输出信号的频率范围,信号发生器可分为超低频信号源(0.0001~1000 Hz)发生器、低频信号源(1 Hz~200 kHz)发生器、高频信号源(200 kHz~30 MHz)发生器、甚高频信号源(30~300 MHz)发生器、超高频信号源(300 MHz 以上)发生器。

(4) 按调制方式,信号发生器可分为调幅、调频、调相及脉冲调制等类型。

5.3.2 信号发生器的使用

1. 信号发生器的使用

(1) 插入电源线并打开电源。

（2）按照需要的信号类型，选择信号波形。

（3）根据测试需求，设置频率和振幅。

（4）将信号发生器通过电缆连接到被测对象。

（5）调整信号源以输出所需信号，并根据结果调整配置。

2. 使用时的注意事项

（1）开机预热。打开电源开关，指示灯点亮，预热 3～5 min。

（2）信号发生器不用时应放在干燥通风处，以免受潮。

（3）使用信号发生器时应注意输出阻抗的匹配，信号发生器只有在匹配情况下才能正常工作。

项目六　DIY-51 单片机套件装配与调试

学习任务一　51 单片机套件元器件清点与检测

DIY-51 单片机装配前,首先要对照元件清单清点每一个元件。

1. 51 单片机套件

DIY-51 单片机如图 6-1 所示。

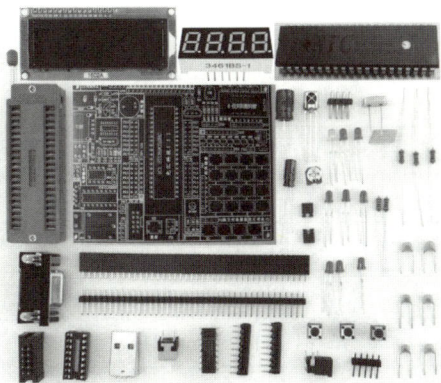

（a）51单片机套件　　　　　　　　　（b）组装后的效果图

图 6-1　DIY-51 单片机

2. 元件清单

DIY-51 单片机套件元器件清单如表 6-1 所示。

表 6-1 DIY-51 单片机套件元器件清单

元件参数	元件名称	电路符号	数量
10 kΩ	直插电阻	R16，R19，R20，R21	4 个
4.7 kΩ	直插电阻	R2，R3，R5，R6	4 个
510 Ω	直插电阻	R1，R4，R8，R9，R10，R11，R12，R13，R14，R15，R17	11 个
1 kΩ	直插电阻	R18，R22	2 个
10 kΩ	9 针排阻	R7	1 个
100 μF	CAPPA-5x11 电解电容	EC1	1 个
22 pF	瓷片电容	C4，C5，C6，C7	4 个
0.1 μF	瓷片电容	C1，C2，C3，C8，C9	5 个
1N4148	直插玻璃二极管	VD1	1 个
HS0038	红外发射管 白色	VD13	1 个
3 mm LED	3 mm LED 灯（红 5 个、绿 2 个、黄 2 个）	VD2，VD5，VD6，VD7，VD8，VD9，VD10，VD11，VD12	9 个
9012	直插 TO92	Q1，Q2，Q3，Q4	4 个
9014	直插 TO92	Q5，Q6	2 个
10 kΩ	10 kΩ VR 电位器	RP1	1 个
ULN2003	贴片 SOP16	U3	1 个
CH340G	USB 转串，贴片 SOP16	U1	1 个
VS1838B	红外遥控接收头	VD14	1 个
12.000 MHz	直插 HC-49S	Y1	1 个
3661BS	四位共阳数码管	SMG	1
STC89C52RC	单片机 DIP40	U2	1 个
5 V 有源	5 V 有源蜂鸣器	BZ1	1 个
5 V	5 V 继电器	RLY1	1 个
8×8 自锁	开关	SW1	1 个
6×6×6 直插	独立按键	S17，S18，S19，S20，S21	5 个
6×6×6 直插	矩阵按键	S1，S2，S3，S4，S5，S6，S7，S8，S9，S10，S11，S12，S13，S14，S15，S16	16 个
方口	USB 接口	USB1	1 个
40Pin	锁紧座	U2	1 个
2Pin	接线端子	CN2	1 个

元件参数	元件名称	电路符号	数量
10Pin	10 针 JTAG 座	P9	1 个
DC-005	电源输入座	DCIN	1 个
12864 母座	HDR1×20 排母	D3	1 个
1602 母座	HDR1×16 排母	D4	1 个
HDR1×3	HDR1×3 圆母座	U4	1 个
HDR1×2	HDR1×2 排针	P5，P10，P11，P15	4 个
11.0592 MHz	直插 HC-49S	Y2	1 个
HDR1×3	HDR1×3 排针	P7	1 个
HDR2×3	HDR2×3 双排针	P8	1 个
HDR1×4	HDR1×4 排针	P13	1 个
HDR1×5	HDR1×5 排针	P5	1 个
HDR2×8	HDR2×8 双排针	P0,P12(组合) P2,P16(组合)　P3,P4 (组合)	3 个
HDR1×8	HDR1×8 排针	P1，P14	8 个
HDR1×6	LCD1602 液晶屏接口	LCD1602 液晶屏配套排针	16 根
LCD1602	LCD1602 液晶屏	LCD1602 液晶屏	1 个
20 cm 母对母	20 cm 母对母排线	20 cm 母对母排线	10 根
方口	优质 USB 下载线	优质 USB 下载线	1 根
2.54 mm	跳线帽	跳线帽	23 个
5 cm+3 cm	铜柱及帽	铜柱及帽	4 对
98 mm×108 mm	PCB	PCB	1 块

3. 元件实物图

(1) 元器件图如表 6-2 所示。

表 6-2　DIY-51 单片机套件元器件图

集成电路	电阻	二极管

续表

瓷片电容	三极管	发光二极管
红外发射管	排阻	按键
晶振	红外接收管	数码管
圆孔母座	锁紧座	排母
排针	电位器	接线端子

续表

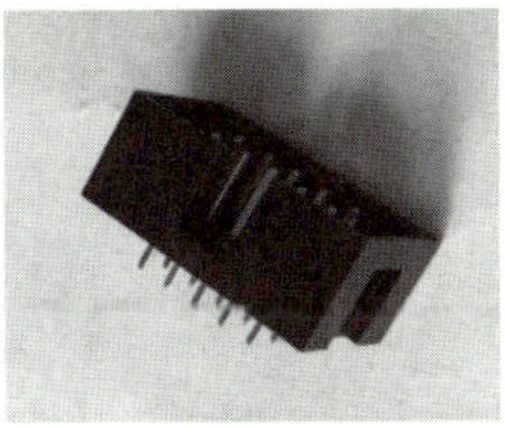	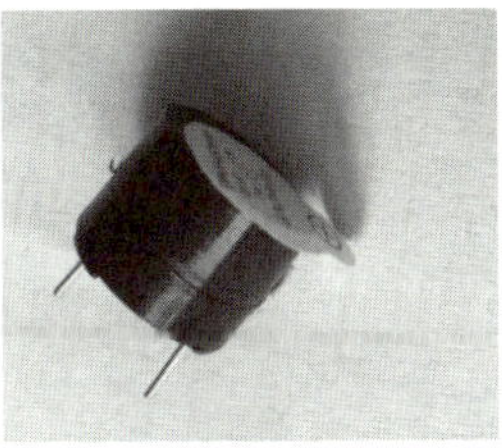	
牛角座	蜂鸣器	USB座
	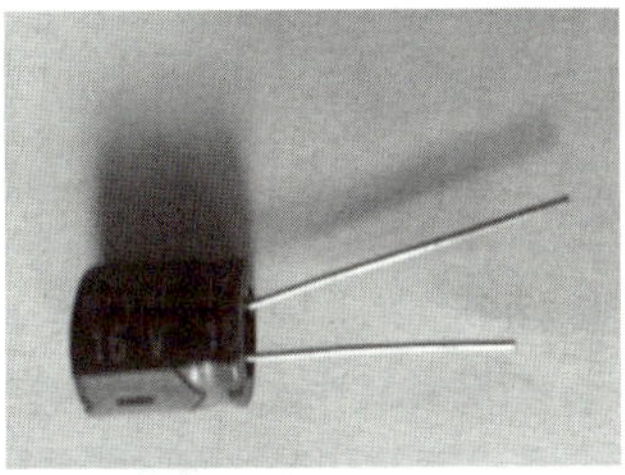	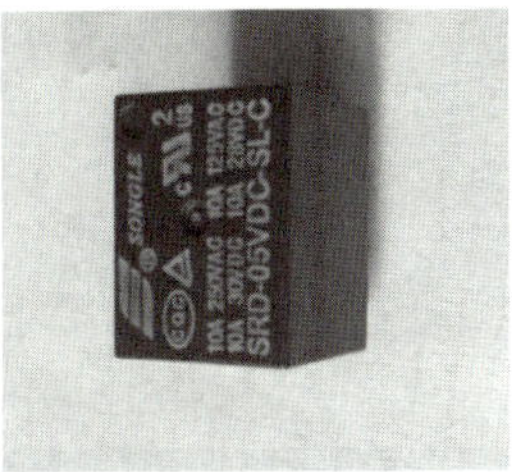
电源接口	电解电容	继电器

（2）杂件图如表6-3所示。

表6-3　DIY-51单片机套件杂件

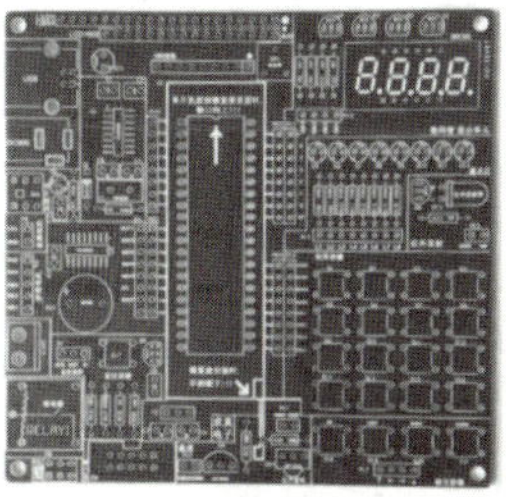	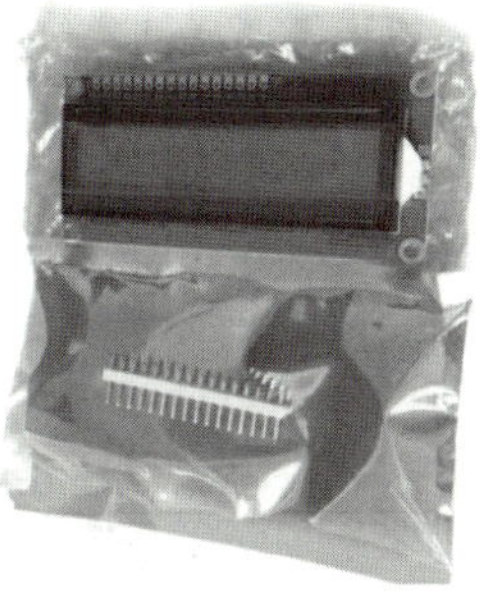	
PCB板	液晶屏及插针	1.5 m方口USB线
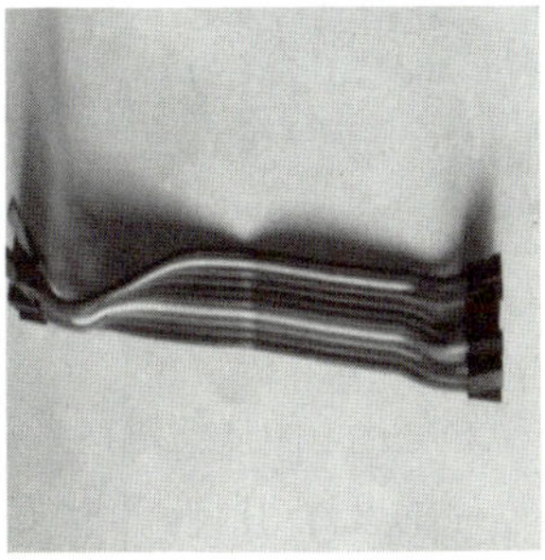	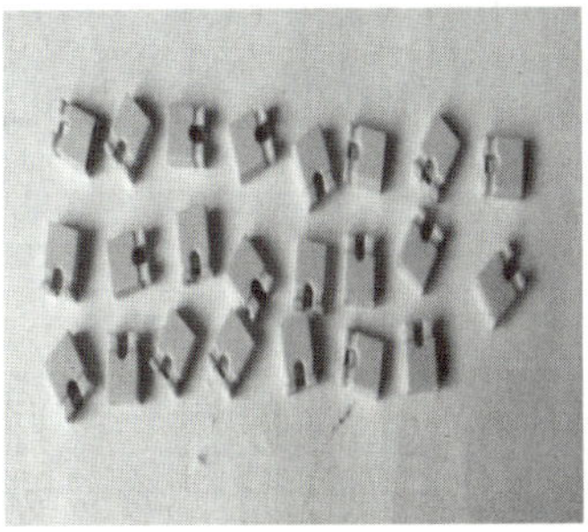	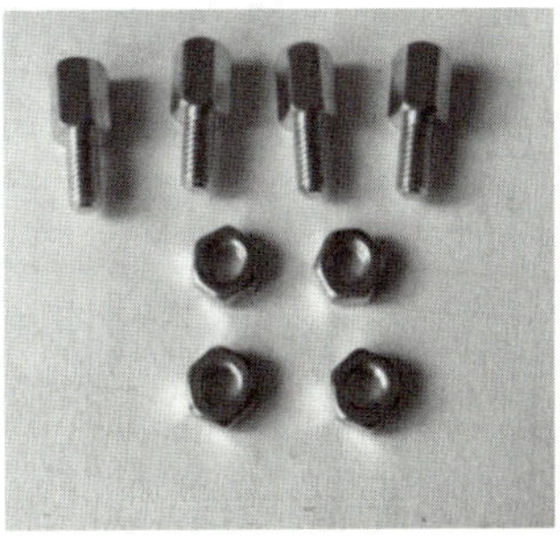
杜邦线	跳线帽	铜柱及帽

学习任务二　DIY-51 单片机套件装配

1. DIY-51 单片机套件装配原则

DIY-51 单片机套件装配时按照先贴片后插件、先低后高、先小后大的原则进行安装。下面是 DIY-51 单片机套件的焊接顺序。

2. DIY-51 单片机套件装配顺序

1) 小型芯片元件

(1) 小型芯片元件型号及电路符号如表 6-4 所示。

表 6-4　小型贴片元件型号及电路符号对照表

元件名称	元件参数	电路符号	数量
驱动芯片,贴片 SOP16	ULN2003	U3	1 个
USB 转串,贴片 SOP16	CH340G	U1	1 个

(2) 小型芯片元件在印刷电路板上的位置如图 6-2 所示。

图 6-2　小型芯片元件焊接位置示意图

(3) 小型芯片元件焊接。

第一步　U3、U1 一定要注意 PCB 上的缺口与实物芯片上的一个小圆点对应。

第二步　先在芯片焊盘右上角的几个引脚镀锡,先焊接芯片的几个引脚,调整好芯片的引脚与 PCB 上的焊盘对齐,然后把其他引脚焊好。

2) 电阻元件

(1) 电阻元件型号及电路符号如表 6-5 所示。

表 6-5　电阻元件型号及电路符号对照表

元件名称	元件参数	电路符号	数量
直插电阻	10 kΩ	R16，R19，R20，R21	4 个
直插电阻	4.7 kΩ	R2，R3，R5，R6	4 个
直插电阻	510 Ω	R1，R4，R8，R9，R10，R11，R12，R13，R14，R15，R17	1 个
直插电阻	1 kΩ	R18，R22	2 个

（2）电阻实物及位置如图 6-3 所示。

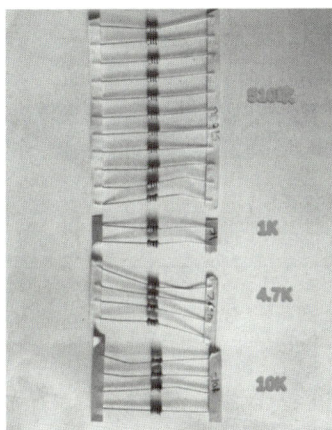

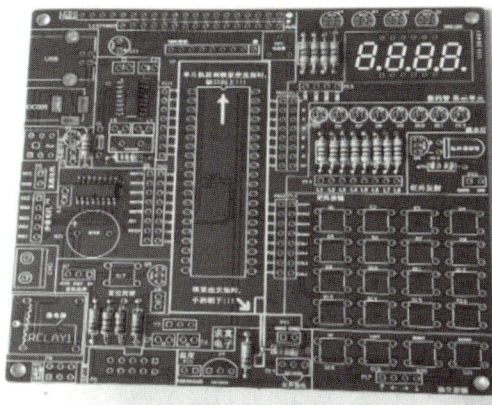

（a）电阻元件实物图　　　　　　　　　　（b）电阻元件组装位置图

图 6-3　电阻实物及位置示意图

（3）电阻焊接。

第一步　识别电阻。

10 kΩ 电阻的色环分布为：棕黑橙金。

4.7 kΩ 电阻色环分布为：黄紫红金。

510 Ω 电阻色环分布为：绿棕棕金。

1 kΩ 电阻色环分布为：棕黑红金。

第二步　同一个方向的电阻，色环的方向要一致，即第一色环向左或向上。

第三步　电阻要紧贴着 PCB 板安装，不要抬高。

第四步　焊接后，引脚要尽可能剪短。要保持横平竖直。

3）整流二极管

（1）整流二极管型号及电路符号如表 6-6 所示。

表 6-6　整流二极管型号及电路符号对照表

元件名称	元件参数	电路符号	数量
直插玻璃二极管	1N4148	VD1	1 个

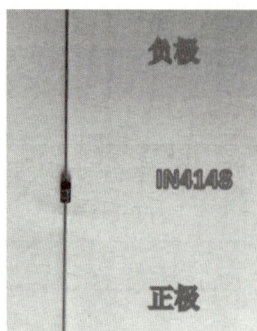

图 6-4　二极管 IN4148 正负极示意图

（2）整流二极管焊接。

第一步　识别 1N4148 二极管的正负极（有黑色色环标识的那一端为二极管的负极，如图 6-4 所示）。

第二步　电阻要紧贴着 PCB 板卧式安装，不要抬高。

第三步　焊接后，引脚要尽可能剪短，要保持横平竖直。

4）瓷片电容

（1）瓷片电容型号及电路符号如表 6-7 所示。

表 6-7　瓷片电容型号及电路符号对照表

名称	元件参数	电路符号	数量
瓷片电容	22 pF	C4，C5，C6，C7	4 个
瓷片电容	0.1 μF	C1，C2，C3，C8，C9	5 个

（2）瓷片电容焊接。

第一步　正确识别瓷片电容，如图 6-5(a)所示：

104 电容即为 0.1 μF 瓷片电容（电容上标注有 104），无极性。

22PF 电容即为 22 pF 瓷片电容（电容上标注有 22），无极性。

第二步　找到瓷片电容在印刷电路板上的位置（见图 6-5(b)），采用卧式插装的方式，注意有字的那一面朝正前方。

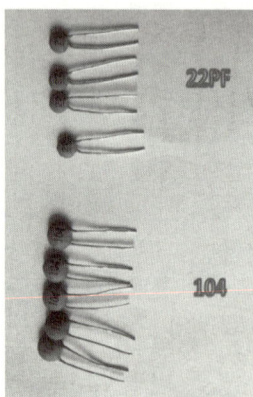

（a）瓷片电容元件实物图　　　　（b）瓷片电容元件焊接位置

图 6-5　瓷片电容安装示意图

第三步　焊接后，引脚要尽可能剪短。要保持横平竖直。

5）三极管

（1）三极管型号及电路符号如表 6-8 所示。

表 6-8　三极管型号及电路符号对照表

名称	元件参数	电路符号	数量
直插 TO92	9012	Q1，Q2，Q3，Q4	4 个
直插 TO92	9014	Q5，Q6	2 个

（2）三极管焊接。

第一步　正确识别三极管（见图 6-6(a)），9012 为 NPN 型三极管，9014 为 PNP 型三极管。

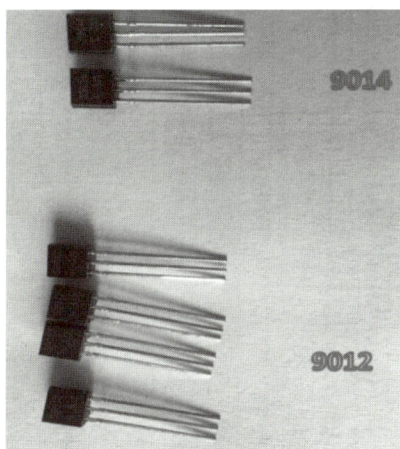

（a）三极管实物图　　　　　　　　　　（b）三极管组装位置图

图 6-6　三极管安装示意图

第二步　找到三极管的正确安装位置（见图 6-6(b)），采用立式插装方法，插装时实物与 PCB 上的符号要对应，不能安错，注意插装时抬高 2～3 mm。

第三步　焊接后，引脚要尽可能剪短。要保持横平竖直。

6）发光二极管

（1）发光二极管型号及电路符号如表 6-9 所示。

表 6-9　发光二极管型号及电路符号对照表

元件名称	元件参数	电路符号	数量
发光二极管	3 mm LED （红 5 个、绿 2 个、黄 2 个）	VD2，VD5，VD6，VD11，VD12,红 VD7，VD8,绿 VD9，VD10 黄	9 个

（2）发光二极管焊接。

第一步　正确识别发光二极管的极性，如图 6-7 所示，实物长脚为正极，短脚为负极。

第二步　核对发光二极管在 PCB 上的位置及正负极标识，丝印标注＋为正，－为负。

第三步　发光二极管要紧贴着 PCB 板立式插装：

VD2、VD5、VD6、VD11、VD12 为红色发光二极管；

VD7、VD8 为绿色发光二极管；

VD9、VD10 为黄色发光二极管。

第四步　焊接后，引脚要尽可能剪短，要保持横平竖直，还要尽量让它们在一条线上。

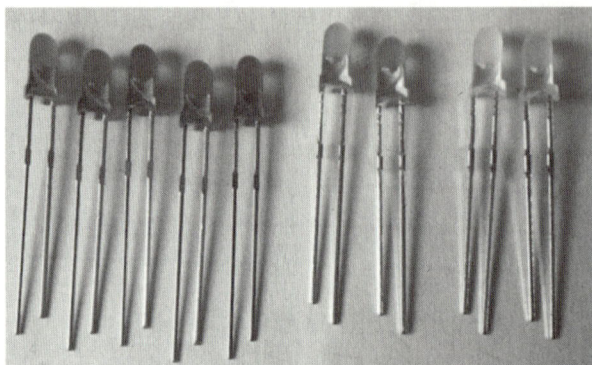

图 6-7　发光二极管实物图

7）红外发射、接收管

（1）红外发射、接收管型号及电路符号如表 6-10 所示。

表 6-10　红外发射、接收管型号及电路符号对照表

元件名称	元件参数	电路符号	数量
红外发射管	HS0038	VD13	1 个
红外遥控接收头	VS1838B	VD14	1 个

（2）红外发射管焊接。

第一步　正确识别红外发射、接收管，如图 6-8 所示，红外发射管（白色）长脚为正极，短脚为负极。

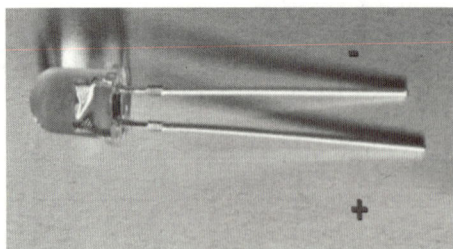
红外发射管

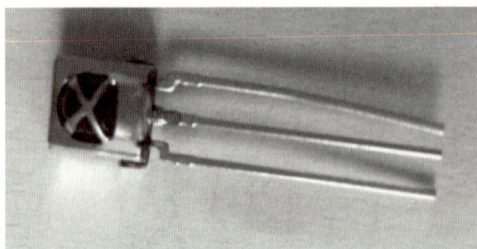
红外接收管

图 6-8　红外发射、接收管实物图

第二步　核对红外发射、接收管在 PCB 上的位置，红外发射管在 PCB 丝印标注＋

为正极,一为负极,红外接收管 PCB 丝印与实物一定要平面对平面,弧面对弧面。

第三步　红外发射管要弯曲 90°后紧贴着 PCB 板插装,不要抬高。

第四步　焊接后,引脚要尽可能剪短。

8) 9 针排阻

(1) 排阻型号及电路符号如表 6-11 所示。

表 6-11　排阻型号及电路符号对照表

名称	元件参数	电路符号	数量
9 针排阻	10 kΩ	R7	1 个

(2) 排阻焊接。

第一步　正确识别 9 针排阻的管脚,如图 6-9 所示,有白色圆点的那一端为第 1 脚,是排阻的公共端。

第二步　插装时排阻第 1 脚要对准 PCB 丝印标注的圆点,紧贴着 PCB 板安装,不要抬高。

第三步　焊接后,引脚要尽可能剪短。

白色点代表第1脚(公共端)

A 103G

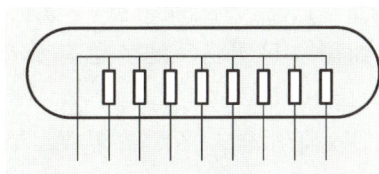

排阻外形图　　　　　　　　　排阻内部结构图

图 6-9　排阻实物图

9) 按键

(1) 按键型号及电路符号如表 6-12 所示。

表 6-12　按键型号及电路符号对照表

元件名称	元件参数	电路符号	数量
独立按键	6×6×6 直插	S17, S18, S19, S20, S21	5 个
矩阵按键	6×6×6 直插	S1, S2, S3, S4, S5, S6, S7, S8, S9, S10, S11, S12, S13, S14, S15, S16	16 个

(2) 按键焊接。

第一步　正确识别按键的方向,按键背面有两横条,横向的两个引脚是直通的(见图 6-10)。

第二步　采用立式插装按键,使按键紧贴着 PCB 板,不要抬高。

第三步　焊接后,引脚要尽可能剪短,保持横平竖直。

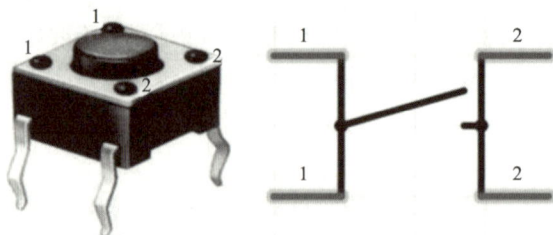

图 6-10　按键实物图

10）石英晶振

（1）石英晶振型号及电路符号如表 6-13 所示。

表 6-13　石英晶振型号及电路符号对照表

名称	元件参数	电路符号	数量
直插 HC-49S	12.000 MHz	Y1	1 个
直插 HC-49S	11.0592 MHz	Y2	1 个

（2）石英晶振焊接。

第一步　正确识别石英晶振，它无极性，有两种频率规格，一种是 12.000，另一种是 11.0592，如图 6-11 所示，数字是表示产生的振荡信号频率是 12.000 MHz 和 11.0592 MHz。

第二步　采用立式插装，先焊 Y1，Y2 无须直接焊上，只需焊一个三孔的圆孔母座（中间孔不用，详见图 6-12），后续使用 Y2 时，直接插上即可。

第三步　使石英晶振紧贴 PCB 板，不要抬高。

第四步　焊接后，引脚要尽可能剪短，保持横平竖直。

11）3Pin 圆孔母座

（1）3Pin 圆孔母座实物如图 6-12 所示。

（2）焊接时注意：

第一，母座无极性、无方向。

第二，要紧贴着 PCB 板安装，不要抬高。

第三，焊接后，要保持横平竖直。

图 6-11　晶振实物图

图 6-12　3Pin 圆孔母座实物图

12）四位七段数码管（共阳极）

（1）四位七段数码管型号及电路符号如表 6-14 所示。

表 6-14　四位七段数码管型号及电路符号对照表

元件名称	元件参数	电路符号	数量
四位共阳数码管	3661BS	SMG	1个

（2）四位七段数码管焊接。

第一步　正确识别 3661BS 型四位七段共阳极数码管的管脚，具体如图 6-13 所示。

第二步　采用立式插装，数码管因有方向（高低数位）要求，安装时，小数点朝下，要紧贴电路板。

第三步　焊接后，引脚要尽可能剪短，保持横平竖直。

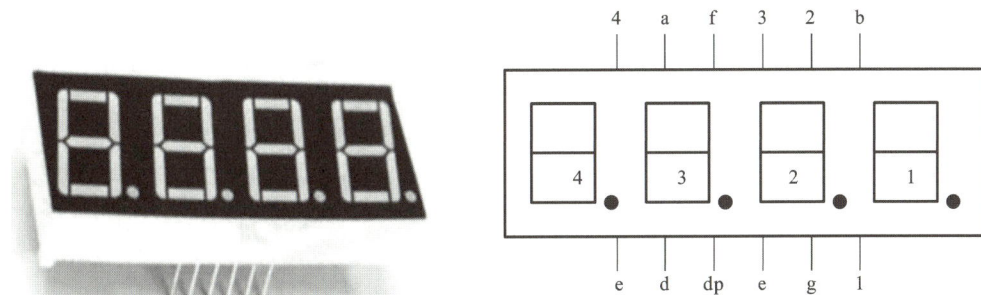

图 6-13　数码管实物及管脚排列示意图

13）40Pin 锁紧座组装

（1）40Pin 锁紧座是 51 单片机的底座，其实物如图 6-14 所示。

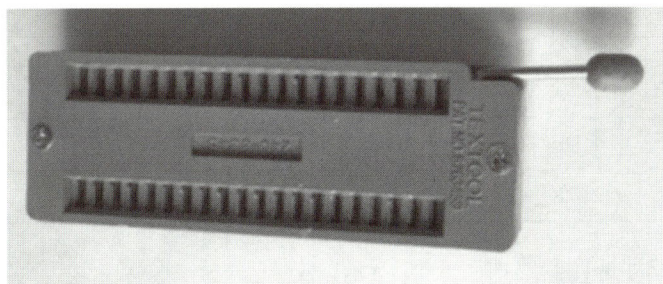

图 6-14　40Pin 锁紧座实物图

（2）焊接时注意：

第一，焊接时，锁紧座的手柄朝下，且一定让手柄和紧锁呈 90°再焊接，如果压平焊接会造成卡不紧单片机等问题。

第二，紧贴电路板插装。

第三,单片机安装到锁紧座上时,一定要缺口朝上。

14) 排母

51 单片机排母分两种规格,一个是 16 孔,另一个是 20 孔,它外形及位置如图 6-15 所示。

排母实物   排母在PCB板上的位置

图 6-15   排母实物及位置示意图

排母焊接时注意:

第一,排母没有方向,紧贴电路板安装;

第二,排母要安装端正,不要倾斜。

15) 排针

(1) 排针型号及电路符号如表 6-15 所示。

表 6-15   排针型号及电路符号

元件名称	元件参数	电路符号	数量
HDR1×2 排针	HDR1×2	P5,P10,P11,P15	4 个
HDR1×3 排针	HDR1×3	P7	1 个
HDR2×3 排针	HDR2×3	P8	1 个
HDR1×4 排针	HDR1×4	P13	1 个
HDR1×5 排针	HDR1×5	P5	1 个
HDR2×8 排针	HDR2×8	P0,P12(组合)P2,P16(组合)P3,P4(组合)	3 个
HDR1×8 排针	HDR1×8	P1,P14	8 个

(2) 各种型号排针实物如图 6-16 所示。

(3) 各种型号排针的焊接位置如图 6-17 所示。排针焊接比较简单,但需要注意以下几点:

第一,排针没有方向,需紧贴电路板安装。

第二,排针要安装端正,不要倾斜。

第三,需要说明的是,P0 和 P12 组合成一个双排针,P3 和 P4 组合成一个双排针,P2 和 P16 组合成一个双排针。

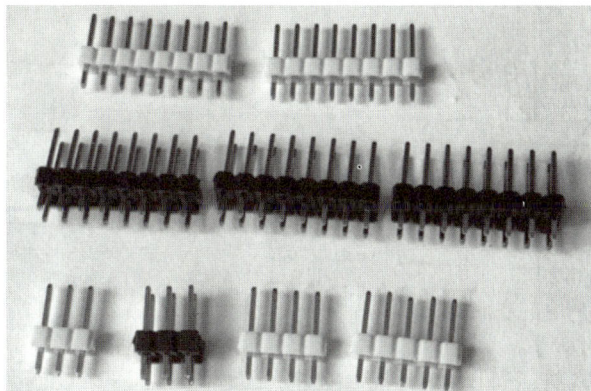

图 6-16　排针实物图

图 6-17　排针位置示意图

16）电位器

（1）电位器型号及电路符号如表 6-16 所示。

表 6-16　电位器型号及电路符号

元件名称	元件参数	电路符号	数量
10 kΩ VR 电位器	10 kΩ VR	RP1	1 个

（2）电位器实物及内部等效电路如图 6-18 所示。

（3）电位器焊接时注意：

第一，电位器的引脚呈三角形分布。

第二，电位器需抬高 2～3 mm 安装。

第三,安装时要端正,不要倾斜。

17) 2Pin 接线端

(1) 2Pin 接线端的实物如图 6-19 所示。

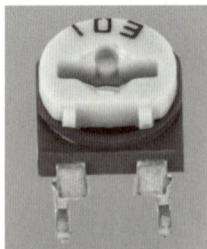

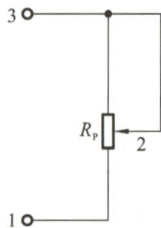

图 6-18　电位器实物及等效电路图

图 6-19　2Pin 接线端子

(2) 2Pin 接线端焊接时注意:

第一,接线那一端一定要朝外。

第二,紧贴电路板安装。

第三,安装时要端正,不要倾斜。

18) 10 针 JTAG 牛角座

(1) 10 针 JTAG 牛角座实物如图 6-20 所示。

(2) 10 针 JTAG 牛角座焊接时注意:

第一,缺口朝里。

第二,PCB 的丝印上的缺口与实物上的缺口方向对应,紧贴电路板安装。

第三,安装时要端正,不要倾斜。

19) 5 V 有源蜂鸣器

(1) 5 V 有源蜂鸣器实物如图 6-21 所示。

图 6-20　JTAG 牛角座实物

图 6-21　蜂鸣器实物图

(2) 5 V 有源蜂鸣器焊接时注意:

第一,有源蜂鸣器有正负极;长脚为正极,短脚为负极(贴纸上有正极标识)。

第二,紧贴电路板安装。

第三,安装时要端正,不要倾斜。

20）方口 USB 插座

（1）方口 USB 插座实物如图 6-22 所示。

（2）焊接时注意两点：

第一，紧贴电路板安装。

第二，安装时要端正，不要倾斜。

21）电源接口

（1）电源接口实物如图 6-23 所示。

（2）焊接时注意两点：

第一，紧贴电路板安装。

第二，安装时要端正，不要倾斜。

图 6-22　方口 USB 插座

图 6-23　电源接口实物图

22）电解电容

（1）100 μF 电解电容实物如图 6-24 所示。

（2）焊接时注意：

第一，先判断电解电容极性，长脚为正极，短脚为负极；电容的外壳上印有"—"，另一端是正极。

第二，电路板上印有正负极，安装时一定要对应。

第三，紧贴电路板安装。

第四，安装时要端正，不要倾斜。

图 6-24　电解电容实物图

23）自锁开关

（1）51 单片机采用的自锁开关是 8×8 规格，其外形及内部结构如图 6-25 所示。

（2）焊接时注意：

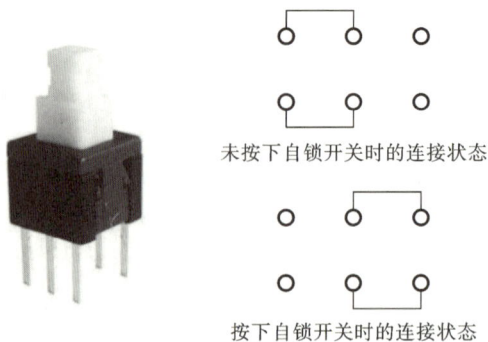

未按下自锁开关时的连接状态

按下自锁开关时的连接状态

图 6-25　8×8 自锁开关外形及内部结构

第一,自锁开关有方向,开关下面有一个小孔,电路板丝印上也有一个小矩形,一定要对应安装,如图 6-26 所示。

第二,紧贴电路板安装。

第三,安装时要端正,不要倾斜。

24)继电器

(1) 51 单片机采用的继电器是直流 5 V 的,其外形及内部结构如图 6-27 所示。

图 6-26　自锁开关与 PCB 板对应点

图 6-27　5 V(DC)继电器

(2) 焊接时注意:

第一,紧贴电路板安装。

第二,安装时要端正,不要倾斜。

25)液晶屏排针、排母

(1) 51 单片机使用的是 1602 液晶屏,组装时,把排针焊接在液晶屏上,排母焊接在 PCB 板上,使用时插上去就可以了,其位置如图 6-28 所示。

(2) 焊接时注意:

第一,插针长的一端在下(插排母),短的一端朝上(焊接)。

第二,紧贴电路板焊接。

第三,安装时要端正,不要倾斜。

排针   排母

图 6-28 液晶屏排针、排母位置

学习任务三 DIY-51 单片机套件功能调试

6.3.1 软件安装

调试单片机的功能，首先要搭建单片机软件开发环境。开发环境搭建主要包括 USB 驱动的安装、Keil_C51 软件的安装与使用、单片机烧写工具 STC-ISP 软件的安装与使用。接下来带领大家搭建单片机开发环境。

1. Keil_C51 软件安装

Keil_C51 是一款单片机 C 语言程序开发平台。可以在 Keil_C51 中进行程序代码的编写，工程管理，程序编译、连接，生成可以烧写到 51 单片机里面执行的 HEX 文件，同时它可以在线仿真调试。Keil_C51 集成开发平台安装主要有以下几个步骤：

在 Keil_C51 文件夹中，右击"c51v956"图标，以管理员身份运行，如图 6-29 所示。

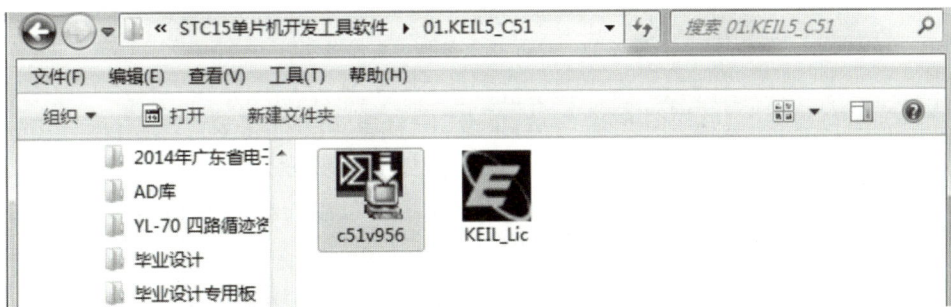

图 6-29 Keil_C51 的安装图标

（1）单击"Next"按钮，并勾选"I agree to……"前面的方框，如图 6-30 所示。单击"Next"按钮。

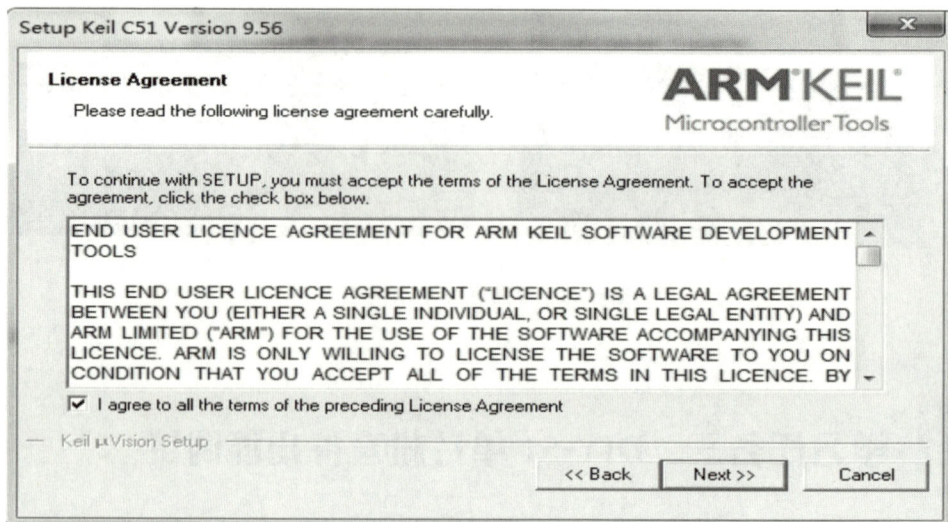

图 6-30　Keil_C51 软件 Next 按钮界面

（2）选择安装路径为 C:\KEILC51，单击"Next"按钮，如图 6-31 所示。

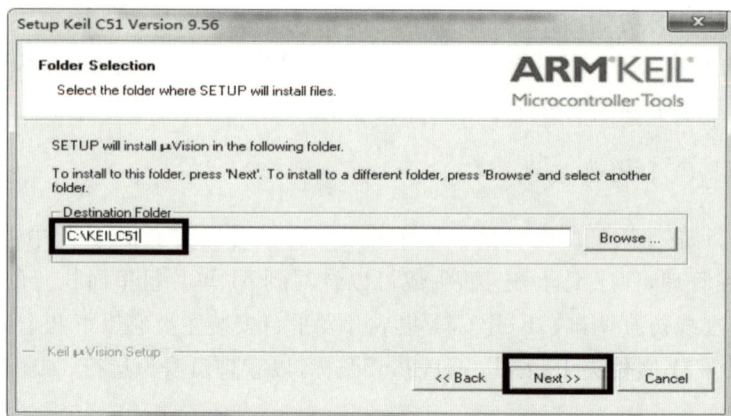

图 6-31　Keil_C51 软件的安装路径

（3）填写相关信息，如图 6-32 所示，单击"Next"按钮开始安装。

（4）去掉那些勾选项，单击"Finish"按钮，如图 6-33 所示。

（5）破解 Keil_C51，右击破解文件"Kiel5_LIC"，以管理员身份运行，如图 6-34 所示。

（6）双击桌面上的"Keil uversion4"图标，打开 Keil_C51 软件。

选择 File→License Management，如图 6-35 所示。

（7）复制 CID 框中的内容，如图 6-36 所示。

（8）粘贴到破解对话框的"CID"框中，"Target"栏中务必选择 C51！如图 6-37 所示。

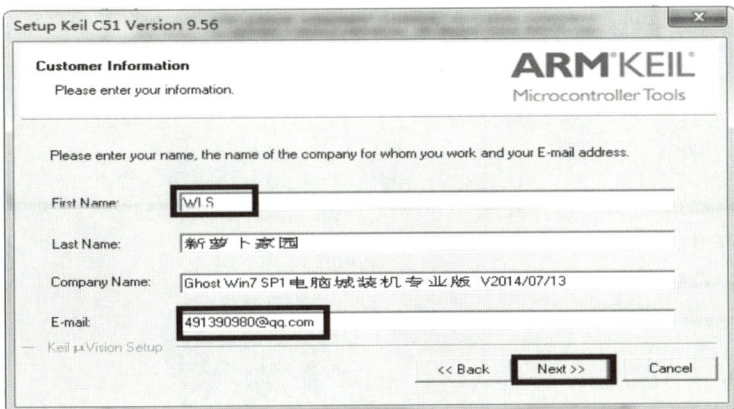

图 6-32　填写相关信息

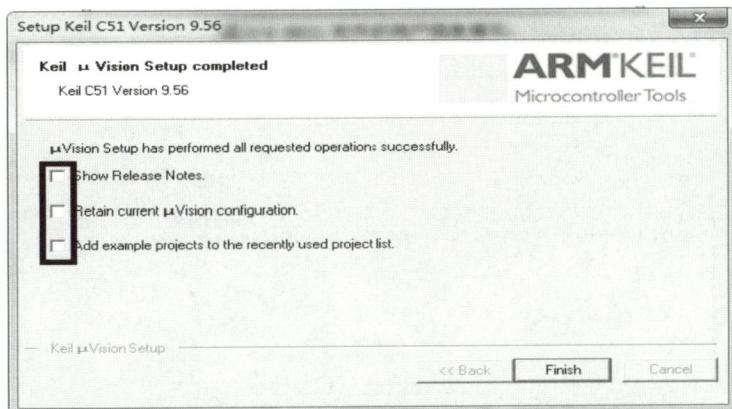

图 6-33　Keil_C51 软件安装完成

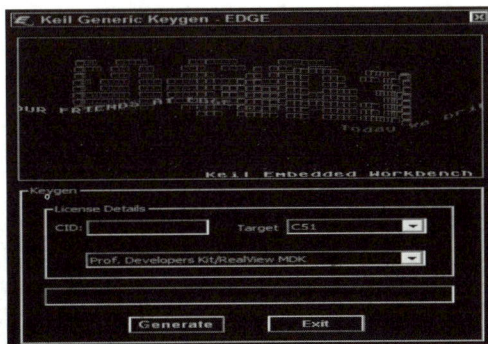

图 6-34　Keil_C51 破解工具界面

（9）单击"Generate"按钮，生成破解码，如图 6-38 所示，复制该码。

（10）把该破解码粘贴到 Keil_C51 软件的"New License ID code"框中。单击"Add LIC"即完成破解。破解完成后，单击"Close"按钮关闭，如图 6-39 所示。

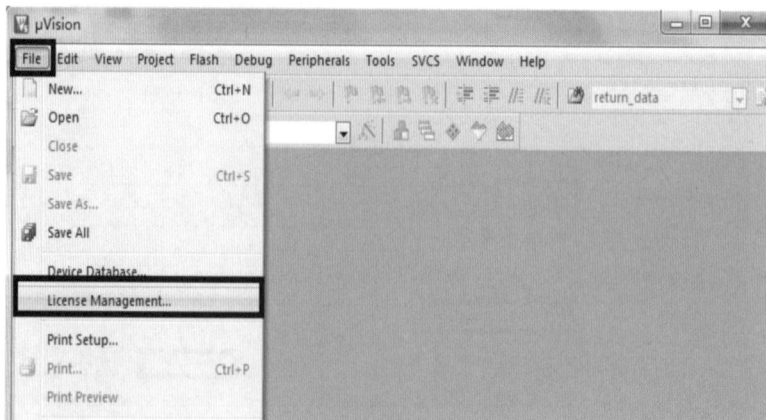

图 6-35　Keil_C51 注册选择菜单

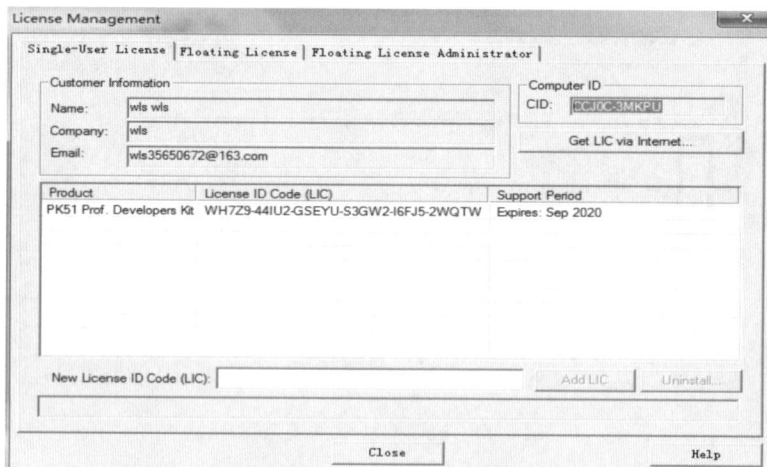

图 6-36　Keil_C51 注册的 CID

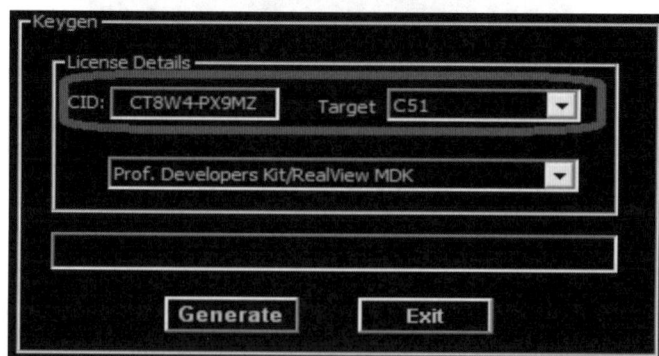

图 6-37　破解界面填入 CID

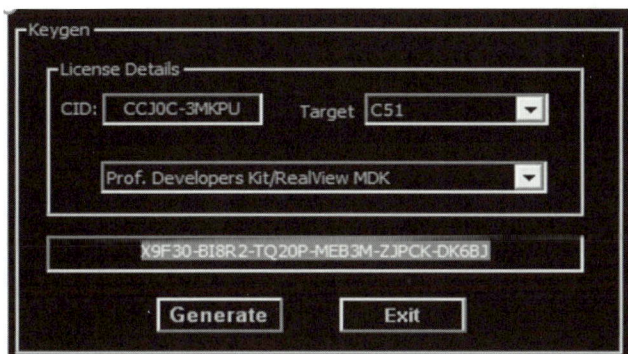

图 6-38 生成破解的注册码

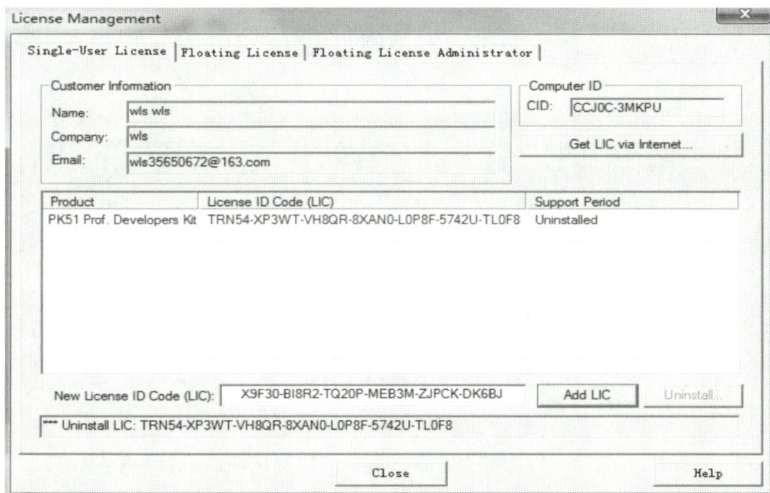

图 6-39 Keil_C51 软件中加入破解码

（11）使用 STC-ISP 添加型号和头文件

用 STC-ISP 直接导入 STC 系列单片机到 Keil_C51 里边，右键以管理员身份打开 "stc-isp-15xx-v6.86C.exe"安装包，然后单击"Next"按钮，如图 6-40 所示。

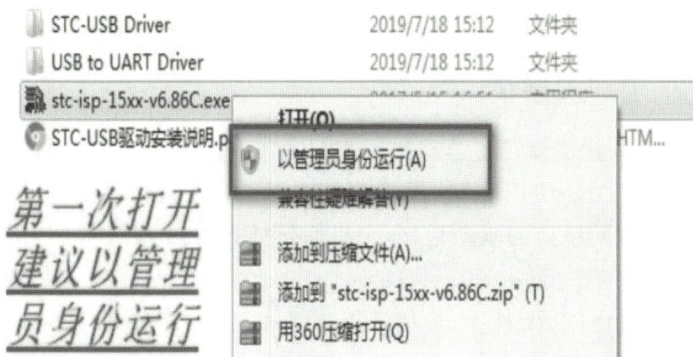

图 6-40 管理员身份打开 stc-isp-15xx-v6.86C.exe 安装包

（12）在软件右边找到 KEIL 仿真设置，选择添加型号和头文件到 Keil_C51 中，找到之前安装 Keil_C51 的文件夹，添加成功，如图 6-41 所示。

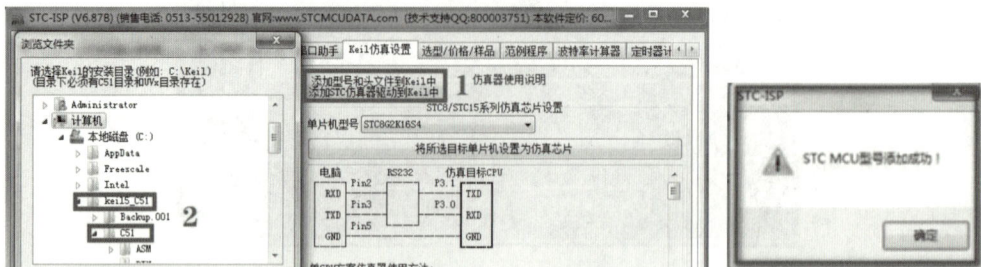

图 6-41　选择添加型号和头文件到 Keil_C51

（13）设置字体为中文简体 GB2312，否则程序注释在删除的时候会出现乱码，如图图 6-42 所示。

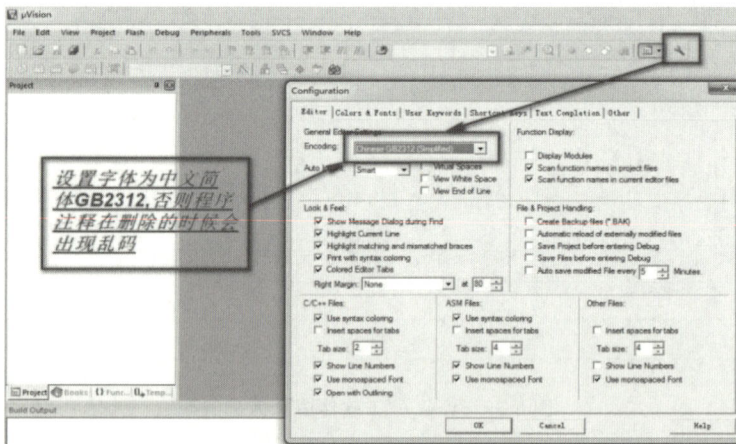

图 6-42　设置字体为中文简体

（14）对 Keil 是否成功添加 STC 单片机进行验证。新建一个工程，在选择目标单片机时，如果可以选择 STC MCU Database，则说明 Keil_C51 里面已经添加了 STC 单片机，如图 6-43 所示。

2. 安装 USB 驱动程序

下载程序或单片机需要与计算机进行串口通信时，都会用到串口，而现在的计算机大多已经没有串口，而是使用 USB 模拟出一个串口，这就需要 USB 转串口的驱动。CH341SER 是 USB 转串口的驱动程序，它里面包括有 X86 和 X64 版，用户应根据计算机情况进行选择。

（1）打开 CH341SER 文件夹，根据计算机是 64 位还是 32 位，选择不同的文件夹，如图 6-44 所示。以本地计算机为例，如果计算机是 32 位的，选择 X86 文件夹；如果计算机是 64 位的，选择 X64 文件夹。双击打开相应的文件夹。

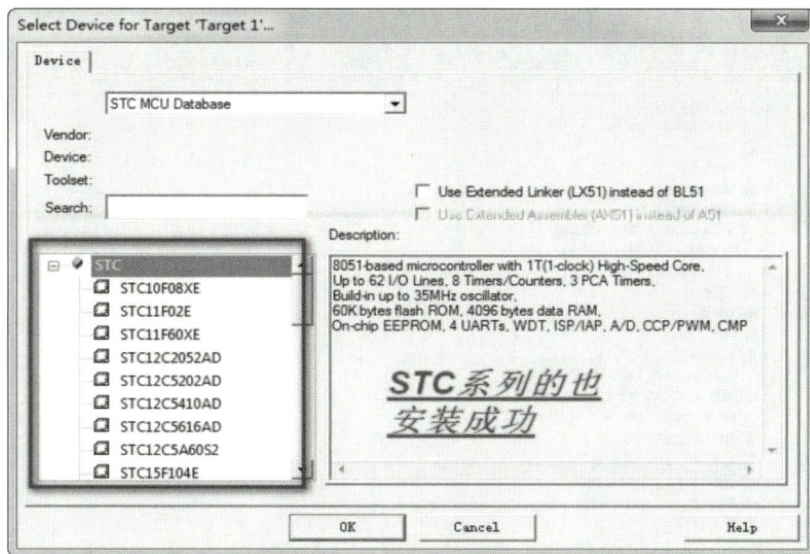

图 6-43　单片机型号选择

（2）双击 SETUP。

（3）单击"安装"按钮，系统进入 USB 转串口安装界面，如图 6-45 所示。安装好后，关闭对话框即可。

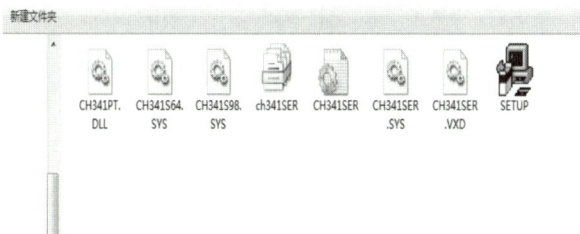

图 6-44　SETUP 图标

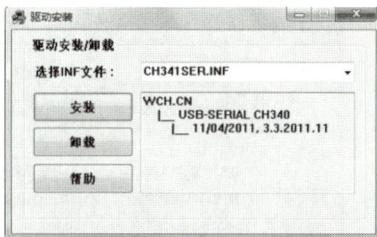

图 6-45　USB 转串口安装界面

（4）检测是否安装成功。

以 Win 7 为例，在"计算机"图标上右击，在下拉菜单中选择"设备管理器"。

若"端口（COM 和 LPT）"下拉列表中出现"USB-SERIAL CH340（COM6）"，则说明安装成功，并且 USB 转串对应的串口为 COM6，如图 6-46 所示。这个在程序下载和串口调试的时候要用到。到此，USB 转串口驱动安装成功！

3. 单片机程序烧写工具安装与应用

（1）本款下载软件不用安装，只需要打开"stc-isp-15xx-v6.86H"文件夹，然后发送到桌面快捷方式就可以使用。这个版本比以前的 4.80 版本要好得多，下载不成功，可以直接单击"停止"按钮。

（2）下面介绍用 ISP 软件下载程序到单片机开发板中。

图 6-46　检测是否安装成功

现以微控制器课程开发平台为例说明，在桌面上双击打开 ISP 软件，如图 6-47 所示。

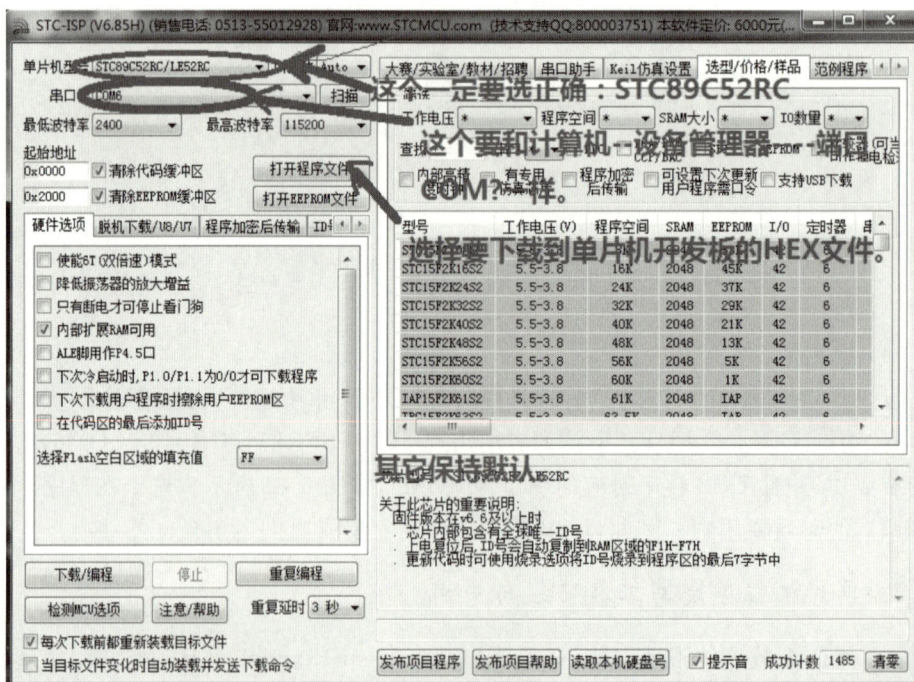

图 6-47　ISP 软件界面

注意:ISP 上的 COM 口号一定要与设备管理器上的 COM 口编号选得一样,如图
6-48 所示,否则无法下载!

图 6-48　计算机上串口号与 ISP 上的一致

（3）单击 ISP 上的"打开程序文件"按钮,请选择文件夹和文件,如选择"学习情境-
花样流水灯系统设计\1-1 点亮一个 LED 灯\Objects"文件夹下的"点亮一个 LED 灯.
hex"文件,如图 6-49 所示。双击文件即可打开。

图 6-49　选择 HEX 下载文件

（4）关闭开发板的电源按钮,单击 ISP 对话框的"下载"按钮,如图 6-50 所示。

提示正在检测目标单片机,此时按下单片机开发板的电源按钮,打开开发板上的电
源,程序就很快下载到开发板了,如图 6-51 所示。注意:因为单片机采用的是冷启动方

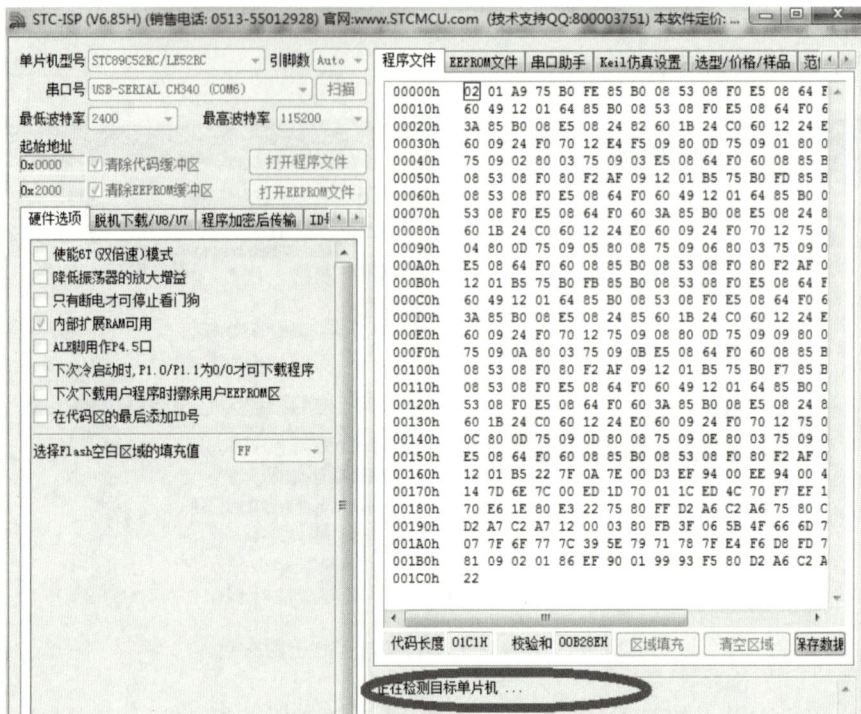

图 6-50　HEX 文件下载到单片机的过程

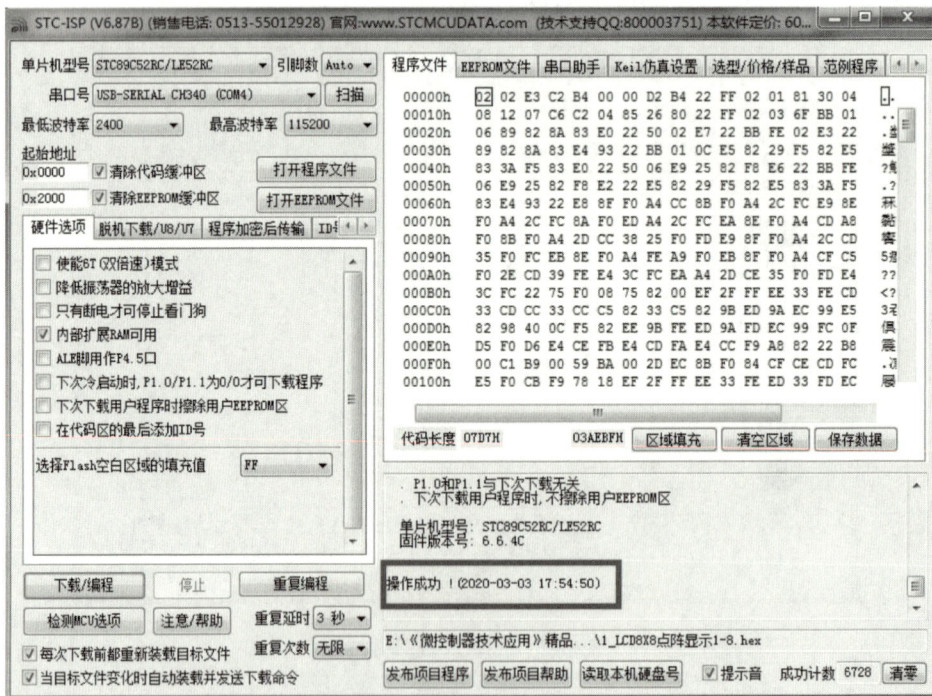

图 6-51　程序下载完成

式,所以在下载前必须先关闭开发板的电源!

到此为止,程序就下载到单片机开发板中,你可以测试单片机的功能了。按照上面的步骤,你可以把其他测试程序下载到开发板中,测试开发板的好坏。如图6-52所示的测试电路中,程序下载进去之后,LED1点亮。

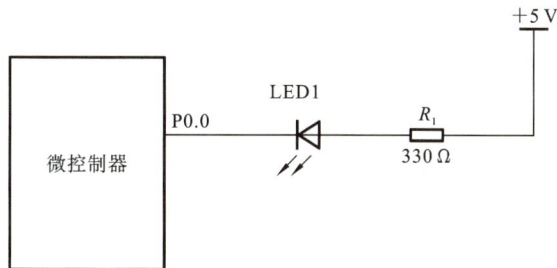

图 6-52　简单的单片机与发光二极管控制电路图

任务总结:

通过安装 Keil-C51 软件和 USB 转串口驱动软件,已经把单片机学习软件环境搭建好了。后面的学习都会用到以上软件,同学们要尽快熟练掌握以上软件的使用方法。

6.3.2　功能调试

接下来进行 DIY-51 单片机功能调试,调试前,先了解每个功能部分的具体电路(电路在本书后面的附件中),打开程序工程文件,查看单片机所使用到的引脚,看引脚连接文档,用杜邦线连接单片机引脚与功能单元,下载程序到单片机,再进行功能调试。

1. 发光二极管功能调试

1) 发光二极管基础知识

发光二极管,也叫 LED 灯,它的种类很多,参数也不尽相同,开发板上用的这种二极管的正向导通电压是 2 V 左右,正常工作电流为 5～20 mA。当电流在 1～5 mA 变化时,随着通过 LED 的电流越来越大,我们的肉眼会明显感觉到这个小灯越来越亮,我们就是利用这个特性来做呼吸灯的。而当正常工作电流为 5～20 mA 时,发光二极管的亮度变化不明显了,当电流超过 20 mA 时,LED 就会有烧坏的危险。

2) 二极管的正负极

发光二极管和普通二极管一样,也有负极和正极。

3) 二极管的特性

二极管具有单向导电性,即二极管两端加正向电压时导通,加反向电压时截止。在发光二极管上加正向电压时,发光二极管会发光,加反向电压时,发光二极管就会熄灭。

4) 发光二极管控制电路

简单的发光二极管控制电路如图6-52所示。

在本电路中,当单片机的 P0.0 引脚输出一个高电平,发光二极管 LED1 的负极接

5 V，此时发光二极管反偏，LED1 灯不亮，也就是会处于熄灭状态。当 P0.0 引脚输出一个低电平，LED1 的负极接地时，发光二极管正偏，LED1 灯就亮，也就是处于点亮状态。

2. 点亮一个 LED 灯调试

第一步　新建文件夹。

文件夹命名为"点亮 LED 灯"——。

第二步　打开 Keil-C51 软件。

双击打开桌面上的 Keil-C51 图标。

第三步　新建工程。

选择菜单 Project，在弹出的下拉菜单中选择 New μVision Project，如图 6-53 所示。然后弹出工程保存路径窗口，注意：工程保存在刚才新建的工程文件夹"点亮 LED 灯"中，工程名和文件夹同名。最后，单击"保存"按钮，如图 6-54 所示。

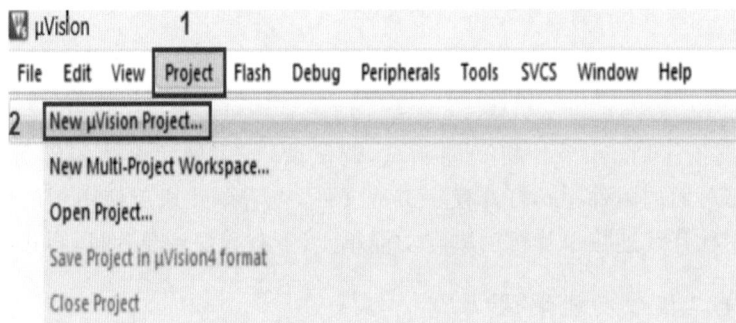

图 6-53　新建工程

在弹出的选择目标设备窗口中，单击下拉按钮，选择"STC MCU Database"，然后选择"STC89C52RC Series"，单击"OK"按钮，如图 6-55 所示。

在弹出的是否添加启动文件到工程窗口中，单击"是"按钮，这样工程就创建好了，如图 6-56 所示。

第四步　新建文件。

新建文件有两种方法：第一种方法是通过单击工具栏的新建空白文档工具；第二种方法是通过选择菜单栏的 File→New 创建新文件。一般用第一种方法更快捷。此时系统会自动生成一个名为 Text1 的空白文档，单击保存按钮保存文件，如图 6-57 所示。此时会弹出保存文件窗口，注意：文件要保存在工程路径中，文件名为 main. c，如图 6-58 所示。

第五步　添加文件到工程。

鼠标移动到工程浏览窗口的 Source Group 1 文字上面，右击，在弹出的下拉菜单中选

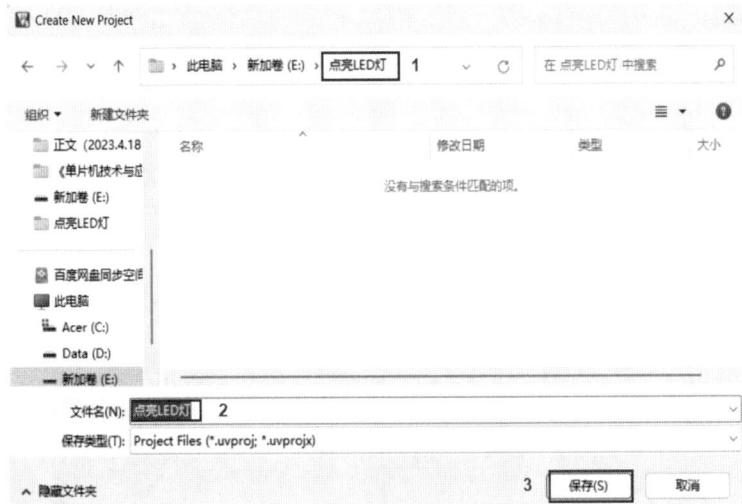

图 6-54　保存工程

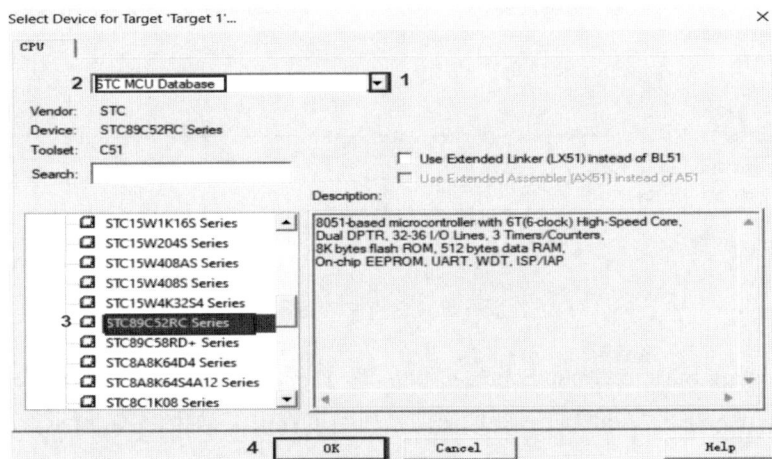

图 6-55　选择单片机的型号

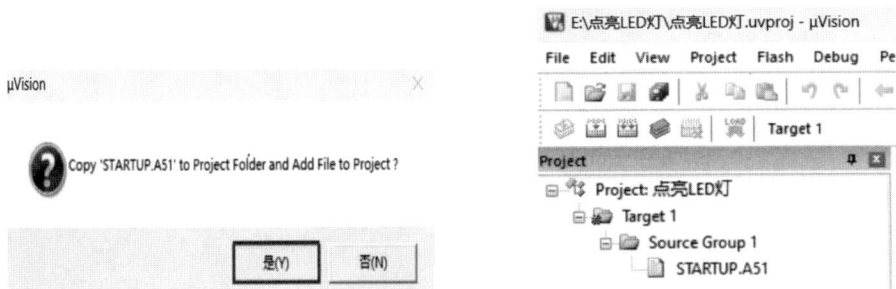

图 6-56　新建好的工程

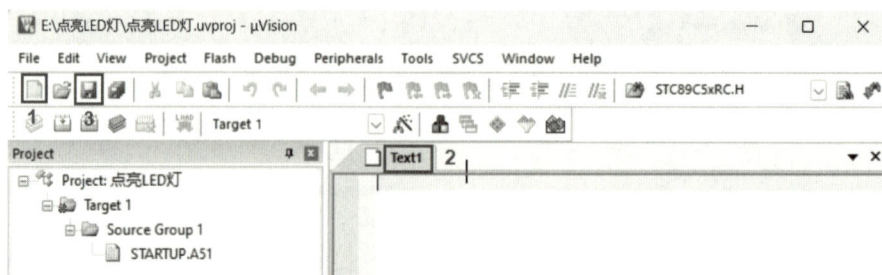

图 6-57　新建文件

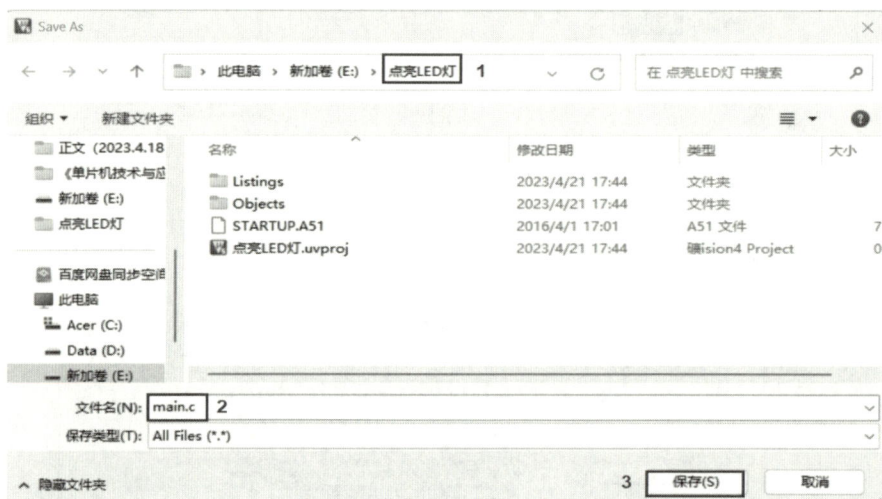

图 6-58　保存文件路径

择"Add Existing Files to Group Source Group 1"，如图 6-59 所示，在弹出的添加文件窗口中，选择 main. c，单击"Add"按钮，就把文件添加到工程中了，如图 6-60 所示。

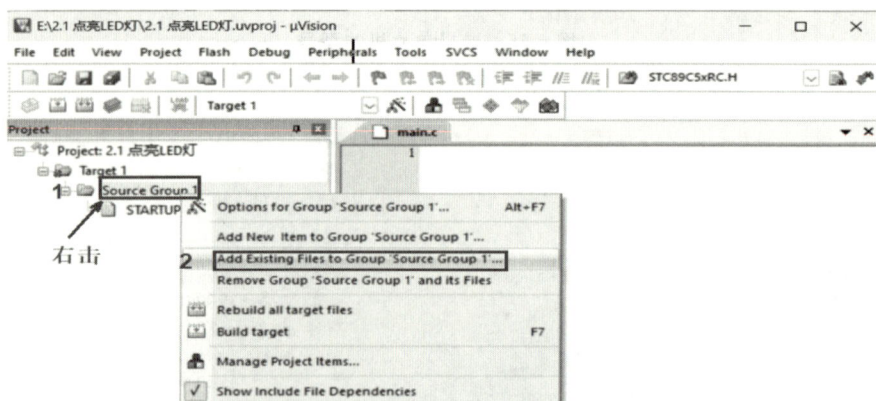

图 6-59　添加文件到工程

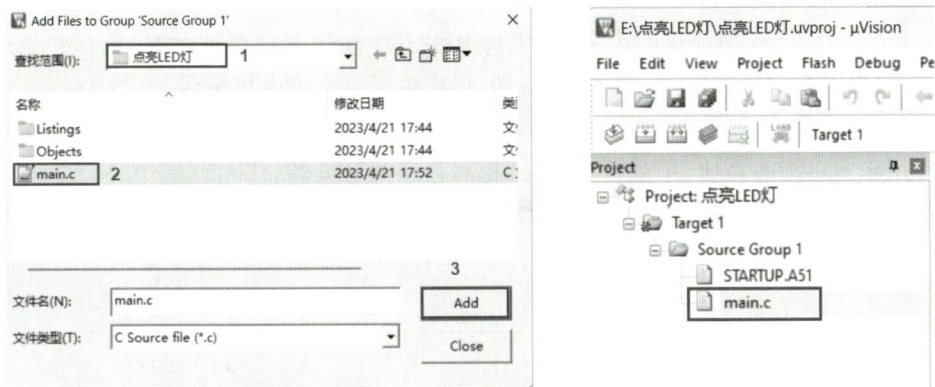

图 6-60　选择添加文件

第六步　编写程序源代码。

参考源代码：

```
#include "reg52.h"          //包含头文件
sbit ENLED= P1^4;           //LED 灯使能端
sbit LED0= P0^0;            //LED0 灯控制端
//主函数
void main(void)
{
    ENLED=0;                //使能 LED 灯
    while(1)                //超级循环
    {
        LED0=0;             //点亮 LED0
    }
}
```

程序解读：

（1）main 是主函数的函数名，每一个 C 程序都必须有且仅有一个 main 函数。

（2）void 是函数的返回值类型，本程序没有返回值，用 void 表示。

（3）参数里面的 void 表示 main 函数无形参，通常这个 void 可以不写，系统也不会报错，但是建议还是写上，养成良好的编程习惯。

（4）{}在这里是函数开始和结束的标志，不可省略。

（5）每条 C 语言语句以分号;结束的。

（6）注意代码的层次，"ENLED=0;"语句与主函数的"{"之间空 4 个字符，"LED0=0;"语句与 while 循环的"{"之间空 4 个字符。这样写的代码层次感强，一目了然地看到代码的层次关系，也符合大公司的代码编写规范。

（7）预编译命令是指 C 言程序中以符号"#"开头的编译指令，通常写成"#include 头文件"，该指令的作用是打开一个特定的文件，将它的内容作为正在编译的文件的一部分"包含"进来。

reg52.h 是 51 单片机的头文件,里面有很多单片机寄存器的定义、端口声明和引脚声明,必须包含到 main.c 文件中,否则,程序编译时会出一堆错误。

(8) sbit 用于声明单片机的引脚,是 Keil_C51 特有的,普通 C 语言里面是没有的。它常用于对引脚的声明,做到见名知义,提高程序的可读性。

sbit 位声明语句通常放在包含头文件语句之后和主函数之前。

如 P1^4 是用于控制 LED 的使能,P0^0 是控制 LED 的亮灭,如果声明成下面格式:

```
sbit ENLED= P1^4;
sbit LED0= P0^0;
```

则通过引脚声明的符号就可以猜出引脚的功能,大大提高了程序的可阅读性。

> **经验之谈——单片机初学者编程技巧**
>
> 编写程序代码时,如果学过 C 语言的,你应该很轻松地跟着我编程写出来,如果没学过 C 语言也没关系,一定要先照猫画虎,依样画葫芦。
>
> 我们会加上 C 语言详细的注释,这样抄几次后再看看解释,就应该很明白了,抄的时候一定要认真。
>
> 新手特别容易忽视字母的大小写,另外标点符号不可以搞错。
>
> 特别要注意中英文输入格式的转换。
>
> 可以看出,单片机编程与硬件紧密相关,我们今后的编程要根据实际的电路原理图来编程,离开了硬件,编写的程序也是没有意义的! 同样的一个点亮 LED 灯程序,在硬件电路不同的其他单片机开发板上是不能点亮开发板上的 LED 灯的。

第七步 工程配置。

配置工程有两种方法:第一种方法是单击工具栏里的工程配置按钮 ；第二种方法是右击工程结构浏览窗口的"Source Group 1",在弹出的下拉菜单中选择"Options for Group Source Group 1"。我们通常采用第一种方法。

在弹出的对话框中,单击"Output"选项页,勾选其中的"Create HEX File"复选框,然后单击"OK"按钮,如图 6-61 所示。

第八步 程序编译与调试。

接下来要对刚才编写的程序进行编译,生成可以下载到单片机里的文件,就是通常说的生成 HEX 文件。

单击 Project→rebuild all target files,或者单击工具栏中重新编译按钮 ，就可以对程序进行编译了。

编译完成后,在 Keil_C51 下方的"Build Output"窗口会出现相应的提示,如图 6-62 所示。

这个窗口告诉我们编译完成后的情况:data＝9.0,指的是程序使用了单片机内部

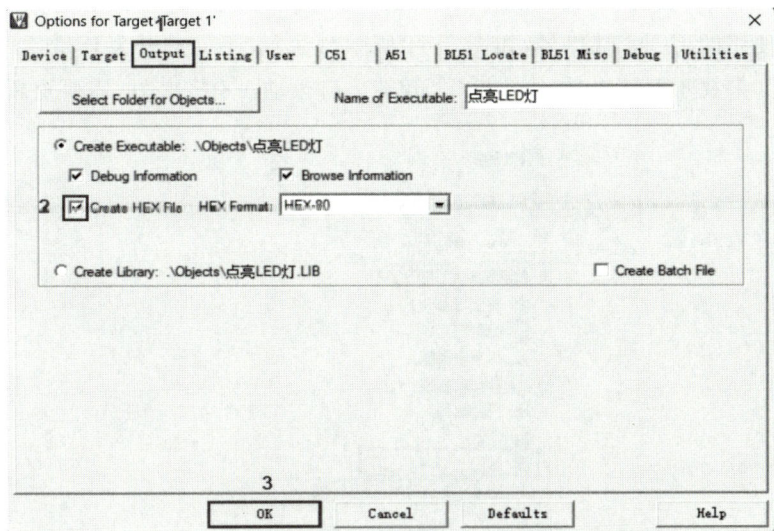

图 6-61 配置工程输出 HEX 文件

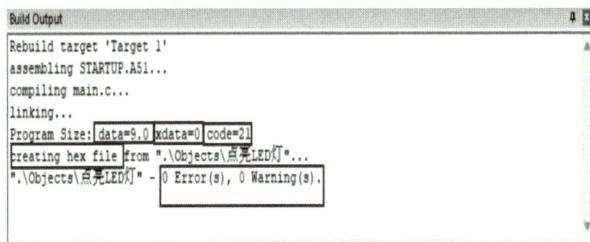

图 6-62 程序编译结果

RAM 资源中 256 字节的 9 个字节；xdata＝0，指的是程序使用了单片机片内部扩展 RAM 资源中 256 字节的 0 个字节；code＝21，是指使用了 8KB 代码 Flash 资源中的 21 个字节。

当提示"0 Error(s)，0 Warning(s)"表示程序没有错误和警告，就会出现"creating hex file from '点亮 LED 灯'..."，意思是从当前工程生成了一个名为"点亮 LED 灯.hex"文件，我们要下载到单片机上的就是这个 HEX 文件。

如果出现有错误和警告提示，即 Error 和 Warning 不是 0，那么就要对程序进行检查，不断调试，反复修改，找出问题，直到编译提示"0 Error(s)，0 Warning(s)"。

到此为止，程序就编译好了，下边就要把编译好的程序文件下载到单片机里了。

第九步 功能调试。

前面通过硬件设计、软件设计、程序调试、仿真与调试，完成了软硬件设计与仿真，但还需要在实物开发板上进行调试和功能验证。

（1）检测计算机串口号。

用 USB 线把开发板和计算机连接起来，打开设备管理器，查看所使用的 COM 口编号(见图6-63),找到"USB-SERIAL CH340(COM3)"项,这里最后的数字就是开发板目前所使用的 COM 端口号,如图6-64所示。注意:不同的开发环境这个端口号是不同的。如果找不到串口号,则说明 USB 转串口驱动没有安装好,需要重新安装。

图6-63　串口号

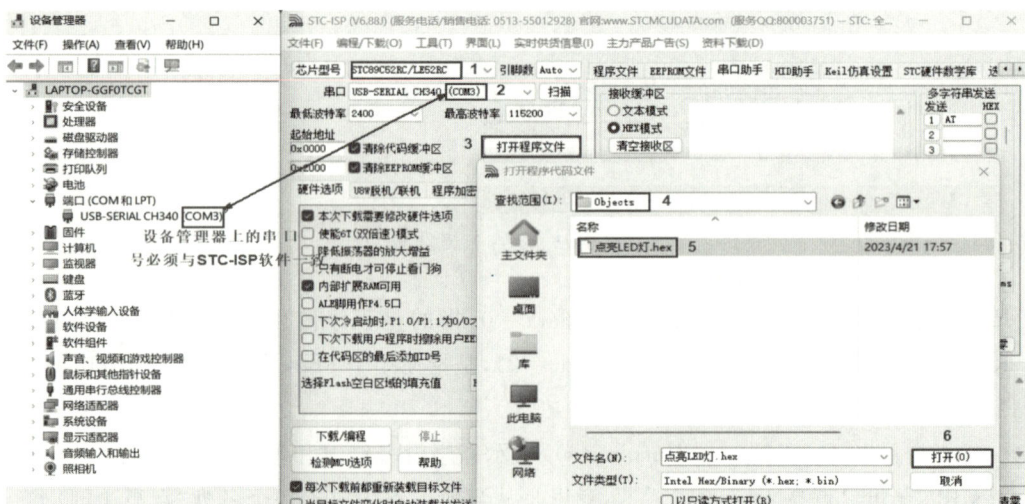

图6-64　开发板目前使用的 COM 端口号

(2) STC-ISP 软件设置。

打开 STC-ISP 软件,进行设置,如图6-65所示。选择单片机型号 STC89C52RC/LE52RC,这个一定不能选错了。

单击"打开程序文件",找到"点亮 LED"文件夹,在 objects 文件夹里找到"点亮 LED.hex"这个文件,并打开。

选择刚才查到的 COM 口,波特率选择默认设置。

这里的所有选项都使用默认设置,不要随便更改,有的选项改错后可能会产生

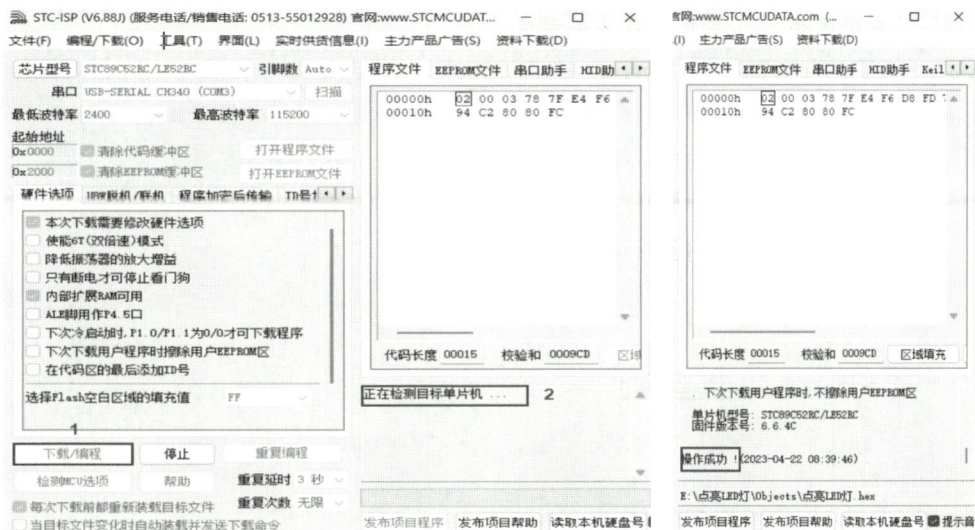

图 6-65 STC-ISP 下载程序

麻烦。

（3）程序下载。

关闭开发板计算机开关，单击"下载/编程"按钮，打开开发板计算机开关，程序就开始下载了，下载完毕后，会提示下载成功。

（4）线路连接。

P14 插针是 8 个 LED 的输出插针，使用 8P 杜邦线从 P14 的 8 个插针连接到单片机 P1 口。

按照上面的步骤，可以把其他测试程序下载到开发板中，在实物开发板上进行实物联调。点亮 LED 灯程序下载进去之后，开发板上的 LED2 点亮，注意开发板上的 LED2，对应着程序中的 LED0。

图 6-66 点亮一个 LED 灯

经验之谈——单片机程序下载方法

STC 单片机要冷启动下载，就是先下载，然后再给单片机上电，所以我们先关闭板子上的电源开关，然后单击"Download/下载"按钮，当提示正在检测目标单片机时，再按下板子的电源开关，就可以将程序下载到单片机了。

3. LED 流水灯功能调试

（1）打开 LED 灯循环左移工程文件，如图 6-67 所示。

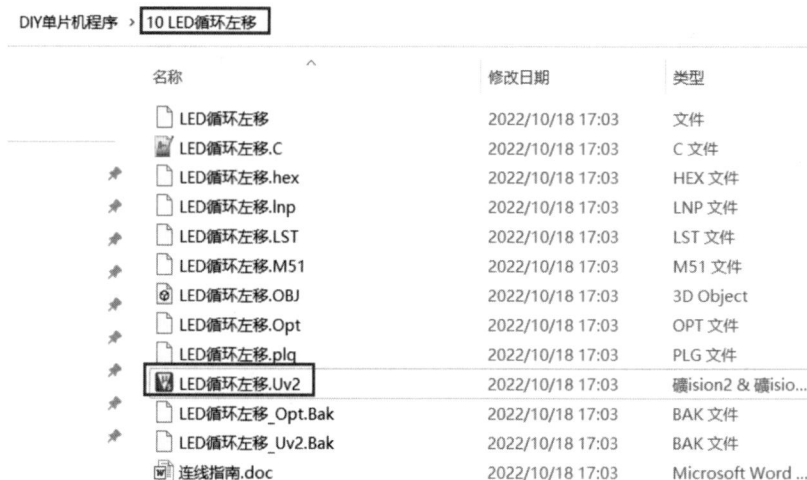

DIY单片机程序 >	10 LED循环左移		
名称 ^	修改日期	类型
LED循环左移	2022/10/18 17:03	文件
LED循环左移.C	2022/10/18 17:03	C 文件
LED循环左移.hex	2022/10/18 17:03	HEX 文件
LED循环左移.lnp	2022/10/18 17:03	LNP 文件
LED循环左移.LST	2022/10/18 17:03	LST 文件
LED循环左移.M51	2022/10/18 17:03	M51 文件
LED循环左移.OBJ	2022/10/18 17:03	3D Object
LED循环左移.Opt	2022/10/18 17:03	OPT 文件
LED循环左移.plg	2022/10/18 17:03	PLG 文件
LED循环左移.Uv2	2022/10/18 17:03	礮ision2 & 礮isio...
LED循环左移_Opt.Bak	2022/10/18 17:03	BAK 文件
LED循环左移_Uv2.Bak	2022/10/18 17:03	BAK 文件
连线指南.doc	2022/10/18 17:03	Microsoft Word ...

图 6-67　打开工程文件

（2）编译生成 HEX 文件，如图 6-68 所示。

（3）下载程序到单片机。

首先，要把硬件连接好，用 USB 线把开发板和计算机连接起来，打开设备管理器查看所使用的是哪个 COM 口，找到"USB-SERIAL CH340（COM5）"项，这里最后的数字就是开发板目前所使用的 COM 端口号，如图 6-69 所示。注意：不同的开发环境这个端口号是不同的。

下载软件有五个步骤：

第一步　选择单片机型号，现在用的单片机型号是 STC89C52RC/LE52RC，这个一定不能选错了。

第二步　单击"打开程序文件"，找到刚才建立工程的那个点亮 LED 文件夹，在objects 文件夹里找到"点亮 LED. hex"文件，并打开。

第三步　选择刚才查到的 COM 口，波特率选择默认设置。

第四步　这里的所有选项都使用默认设置，不要随便更改，有的选项改错后可能会产生麻烦。

第五步　STC 单片机要冷启动下载，就是先下载，然后再给单片机上电，所以我们

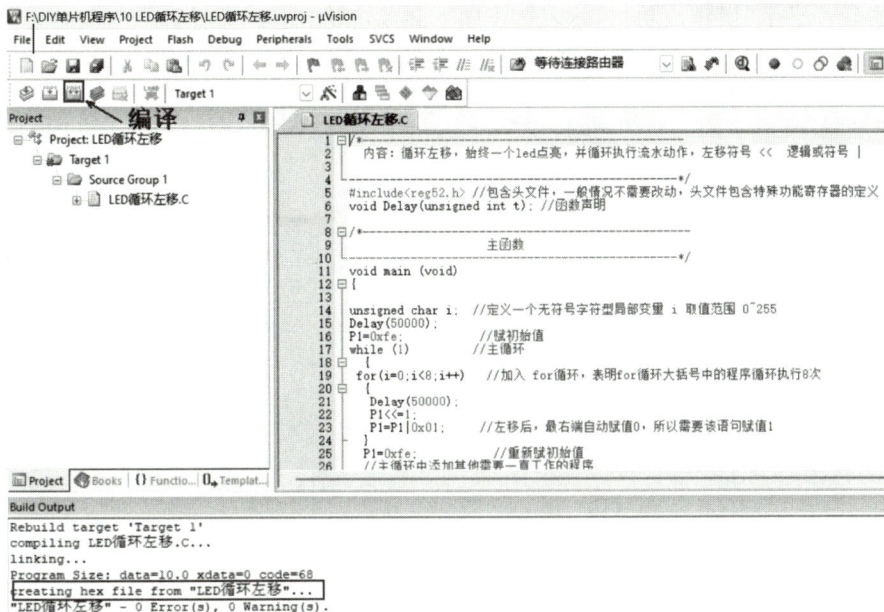

图 6-68 编译工程文件

先关闭板子上的电源开关,然后单击"Download/下载"按钮,当提示正在检测目标单片机时,如图 6-69 所示,然后再按下板子的电源开关,就可以将程序下载到单片机了。

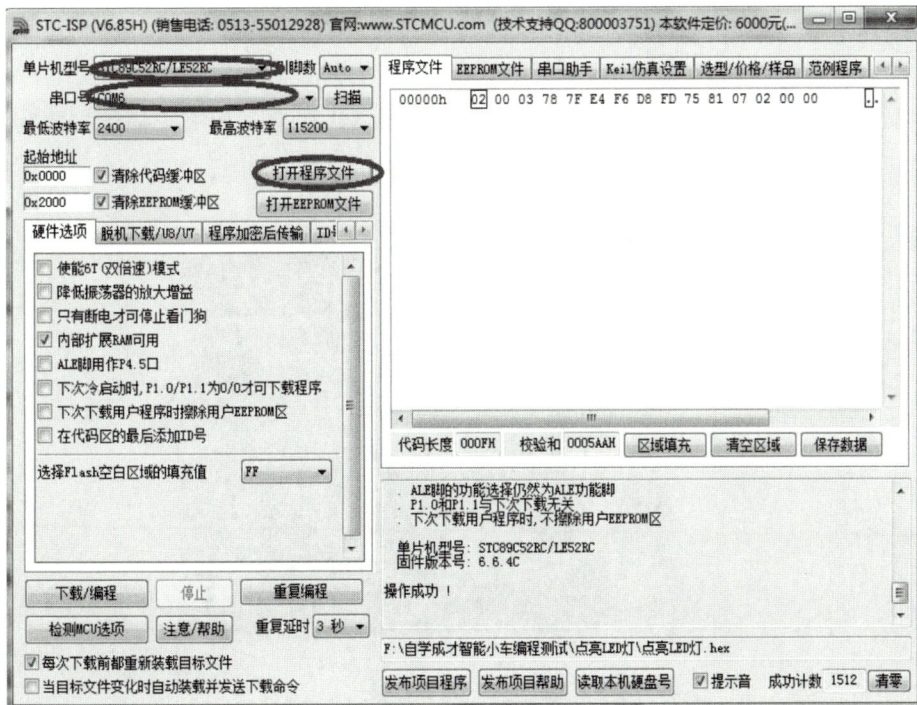

图 6-69 程序下载选项选择

当软件显示"操作成功!",就表示程序下载成功,如图 6-70 所示。

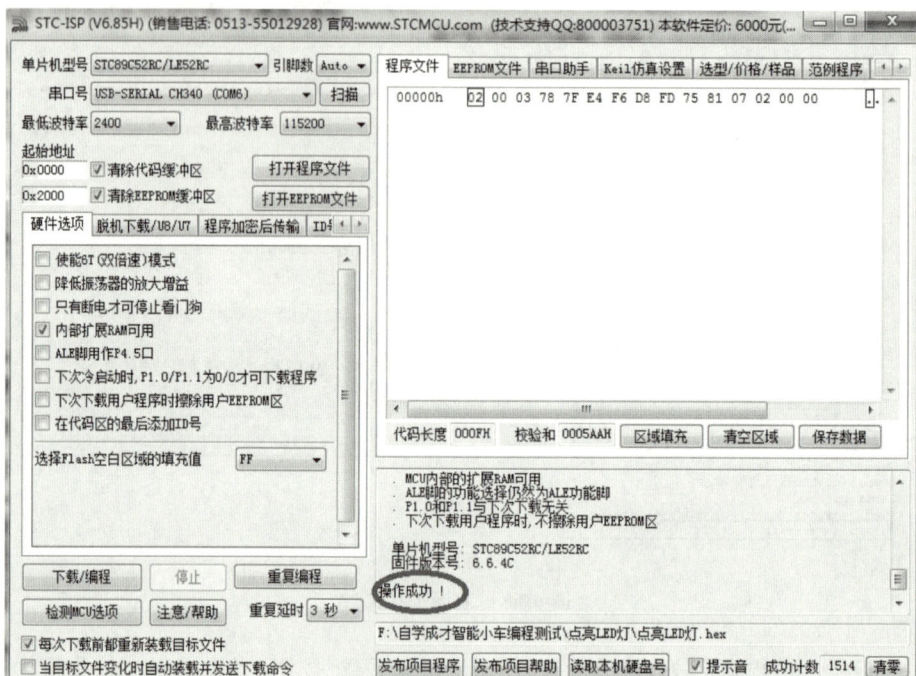

图 6-70　程序下载成功

程序下载完毕后,就可以连线了。

(4) LED 灯的线路连接。

P14 插针是 8 个 LED 的输出插针,使用 8P 杜邦线从 P14 的 8 个插针连接到单片机 P1 口,如图 6-71 所示。

图 6-71　线路连接

连线后就可以运行了,一排 LED 中最左侧的小灯就可以发光了。

4. 数码管功能调试

1) 数码管基础知识

(1) 一位数码管。

数码管(segment displays)由多个发光二极管封装在一起组成"8"字形的器件,引线已在内部连接完成,只需引出它们的各个笔画、公共电极。数码管实际上是由七个条形发光管组成 8 字形构成的,加上圆点形发光二极管,用于显示小数点,一个数码管共有 8 个发光二极管。

数码管的八个段分别由字母 a、b、c、d、e、f、g、dp 来表示,如图 6-72(a)所示。数码管内部原理图如图 6-72(b)、(c)所示。

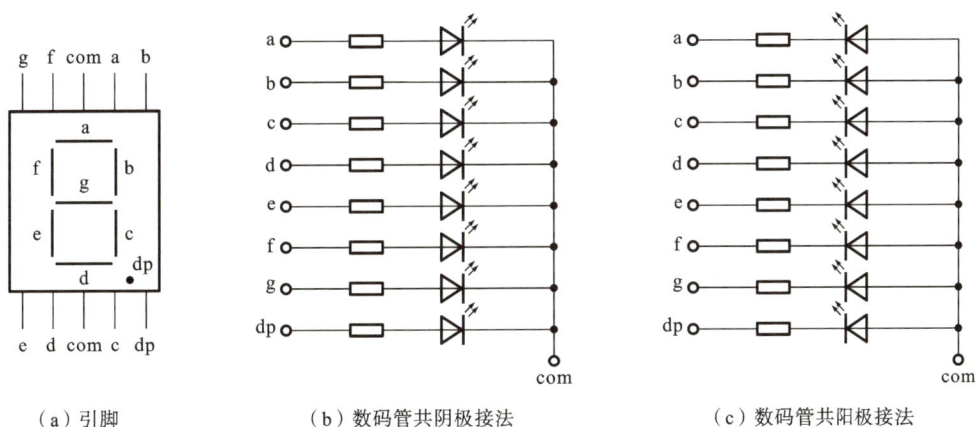

（a）引脚　　　　　　（b）数码管共阴极接法　　　　　　（c）数码管共阳极接法

图 6-72　数码管内部原理图

数码管分为共阳和共阴两种,共阴极数码管就是 8 只 LED 小灯的阴极连接在一起,阴极是公共端,由阳极来控制单个小灯的亮灭。共阳极数码管就是 8 只 LED 小灯的阳极连接在一起,阳极是公共端,由阴极来控制单个小灯的亮灭。

(2) 四位数码管。

四位数码管是把四个一位数码管封装在一起,四位数码管的内部显示段都对应地连接在一起,即四个数码管的 a 段都连接在一起,同理 b、c、d、e、f、g、dp 也都对应地连接在一起;四位数码管的公共端分别引出来,这样四位数码管就有 12 个引脚。图 6-73为四位共阳数码管 3641BS 的内部原理图,图 6-74 为四位数码管的元件引脚功能图。

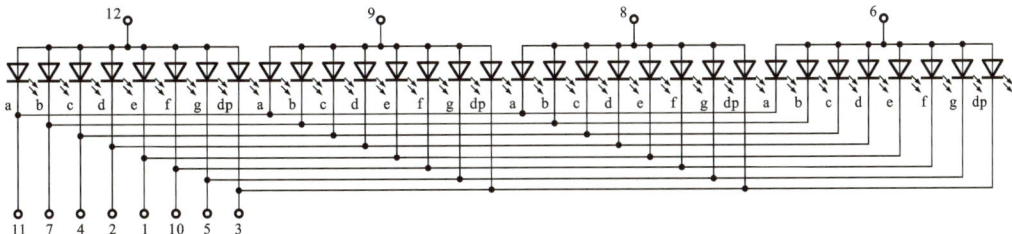

图 6-73　四位数码管内部原理图

图 6-74　四位数码管元件功能图

数码管中有位选和段选,位选就是选择哪个数码管,段选就是被选择的数码管要显示什么数字。例如,3641BS 四位共阳极数码管的位选端子就是 W1～W4;段选端子为 a～dp。

当位选端子 W1 为高电平时,段选数据就送给第一个数码管,此时第一个数码管点亮;同理,当 W2 为高电平时,第二个数码管点亮,依此类推。这样我们就可以通过控制位选和段选端的数据来实现四位数码管显示一个四位数。

（3）数码管的字形码。

数码管的字形码如表 6-17、6-18 所示。

表 6-17　共阴极数码管字形码

符号	不显示	0	1	2	3	4	5	6	7
编码	0x00	0x3F	0x06	0x5B	0x4F	0x66	0x6D	0x7D	0x07
符号	8	9	A	B	C	D	E	F	·
编码	0x7F	0x6F	0X77	0x7C	0x39	0x5E	0x79	0x71	0x80

表 6-18　共阳极数码管字形码

符号	不显示	0	1	2	3	4	5	6	7
编码	0xff	0xc0	0xf9	0xa4	0xb0	0x99	0x92	0x82	0xf8
符号	8	9	A	B	C	D	E	F	·
编码	0x80	0x90	0X88	0x83	0xc6	0xa1	0x86	0x8e	0x7f

（4）计算数码管的字形码。

根据图 6-72 中数码管各段的分布关系,要让数码管显示 1,对于共阴极数码管来说,b、c 两个段的 LED 灯要点亮,其他段的 LED 灯要熄灭,即令 b、c 为高电平,其他段都为低电平;对于共阳极数码管来说,b、c 两个段的 LED 灯要点亮,其他段的 LED 灯要熄灭,即令 b、c 为低电平,其他段都为高电平。

数码管的段编号　　　　　　dp　g　f　e　d　c　b　a

共阴极数码管显示 1 时段电平 0　0　0　0　0　1　1　0 十六进制表示:0X06

共阳极数码管显示 1 时段电平 1　1 1 1 1 1 0 0 1 十六进制表示：0XF9

其他字形显示，就不一一列出，有兴趣的读者可以把它们都写出来，对照上面的表，这样可以加深理解。其实数码管还可以进行其他一些字形码的显示。

当然也可用工具软件计算数码管的字形码，"LED 代码查询 V1.1"软件在课程工具软件包里。

（5）数码管的动态显示原理。

① 视觉惰性。

人眼的分辨能力是有限的，当物体的变化频率超过 24 Hz 时，人眼就分辨不出变化了。这就是视觉惰性。

② 余辉效应。

视觉暂留现象又称"余辉效应"。人眼在观察景物时，光信号传入大脑神经，需经过一段短暂的时间，光的作用结束后，视觉形象并不立即消失，这种残留的视觉称"后像"，视觉的这一现象称为"视觉暂留"。

③ 动态扫描。

所谓动态扫描就是指利用人眼的视觉惰性和余辉效应，在进行八位数码管显示时，先让第一个数码管显示 1，再让第二个数码管显示 2，接着让第三个数码管显示 3，依次进行，最后让第八个数码管显示 8。显示的时间间隔为 1 ms，这样完整显示八位数字的频率约为 120 Hz。由于显示刷新的频率远远大于人眼的分辨率，虽然这些字符是在不同的时刻分别显示，但由于人眼存在视觉暂留效应，只要每位显示间隔足够短就可以给人以同时显示的感觉。这和动画片的原理一样。

④ 动态和静态显示的优缺点。

采用动态显示方式比较节省 I/O 口，硬件电路也较静态显示方式简单，但其亮度不如静态显示方式，而且在显示位数较多时单片机要依次扫描，占用 CPU 较多的时间。

（6）消除数码管残影。

① 残影产生的原因。

数码管动态扫描中的残影现象，主要是由段选和位选的瞬态所产生的，这里的瞬态也可理解为过渡状态。在理论上，每个数码管显示时持续的时间为 1 ms，1 ms 之后，由于中断的原因，显示位会发生切换。例如，从第一位切换到第二位，第三位，…，第八位，此时显示的数据为：12345678。在详细讲述这个切换过程之前，读者们需理清两个概念：

● C 语言代码是一句一句按顺序，从前往后执行的；

● 单片机执行的速度很快，但再快还是需要时间的。

这里以上面的例程为例，来分析这个过程。我们从数码管显示函数的 case 0 开始，先送位选数据，之后再送段选数据；接下来，送第二位的位选数据，接着再送第二位的段选数据，依此类推。

仔细分析可以看出，当第一个数码显示完毕后，等到下一个 2 ms 到来时，第二个数码管的位选信号被选中，而此时段码却还是第一位数码管的数据，虽然时间很短，只有几个微秒。前面说过，单片机运行需要时间，那这段时间内第二个数码管就会显示第一位数码管的数据,而不是我们想要的数据。同理,第二位数码管应该显示的数据也会出现在第三位,依此类推,每一个数码管都会短暂地显示前一个数码管的数据,这就是整个显示过程为何有残影的原因。

② 残影的消除。

具体的做法就是在数码管的位选切换前,发送一个让数码管熄灭的段码 0XFF。当数码管位选选定后,再发出正确的段码,这样就可以消除残影。

2) 数码管功能调试

(1) 打开工程。

(2) 编译工程。

(3) 下载 HEX 文件到单片机。

(4) 线路连接,如图 6-75 所示。

此程序的功能是在四位数码管上显示时钟。

图 6-75　数码管线路连接

数码管的连接法:

① P1.0~P1.3 连接到 P13 的 SMG1~SMG4;

② P0 口与 P12 用跳线帽连接起来。

独立按键的连接法:

① P2.4 连到 P17 独立对地插针,用来调整时;

② P2.5 连到 P17 独立对地插针,用来调整分。

5. 按键、继电器、蜂鸣器功能调试

1) 按键与蜂鸣器基础知识

(1) 独立按键。

① 按键分类。

单片机开发板上的通常配置有独立按键和矩阵按键。

有些开发板还有计算机键盘接口,而计算机的键盘属于编码键盘,按键状态的识别

由专用的硬件编码器实现,当按键动作时,产生键码或键值输出。单片机可以通过解析键码来判断键盘上哪个按键发生了动作。

有的单片机开发板上配置有触摸按键和 ADC 按键。

② 独立按键电路原理图。

本开发板上的四个独立按键电路原理图如图 6-76 所示,按键的一端接地,另一端通过 4.7 kΩ 的电阻接在电源上。按键的输出信号是从按键与电阻的连接处输出的,送往单片机的 I/O 口进行处理。可以看出,每个独立按键占用单片机的一个 I/O 口。

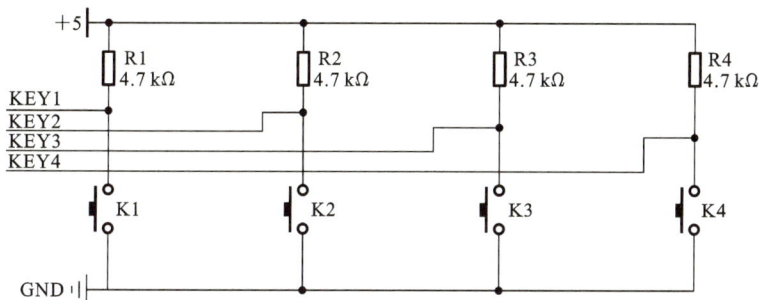

图 6-76 独立按键原理图

③ 独立按键工作原理。

按键有两种状态:按下和弹起。当按键 K1 按下时,按键闭合,相当于一个闭合的开关,此时按键接地,输出信号 KeyIin1 通过按键 K1 连接到地上,因此 KeyIin1 为低电平;当按键 K1 弹起时,按键断开,相当于一个断开的开关,输出信号 KeyIin1 通过电阻连接在电源 V_{cc} 上,所以 KeyIin1 为高电平。

可以这样说,按键按下时,输出 0,按键弹起时,输出 1。这样我们就可以通过检测单片机的 IO 口的电平高低来判断按键的状态。

④ 按键的抖动及消除。

通常按键所用开关为机械弹性开关,当机械触点断开、闭合时,电压信号如图6-77所示。由于机械触点的弹性作用,一个按键开关在闭合时不会马上稳定地接通,而是伴随着 3~5 次的高低电平的快速变化;在断开时也不会一下子断开。因而在闭合及断开的瞬间均伴随有一连串的抖动。抖动时间的长短由按键的机械特性决定,一般为16 ms左右。这是一个很重要的时间参数,在很多场合都要用到。

按键消抖的方法有两种:一种是硬件方法;另一种是软件方法。硬件方法就是在按键两端并联一个小电容,通常采用 0.1 μF 的瓷片电容。软件方法就是通过程序解决,通常更侧重于该方法,因为这样可以节约成本。记住,能用软件实现的绝不用硬件实现。

所谓软件消抖,即检测出键闭合后执行一个延时程序,产生 16 ms 左右的延时,避开前沿抖动,再一次检测键的状态,如果仍保持闭合状态电平,则确认为真正有键按下。当检测到按键释放后,也要给 16 ms 左右的延时,待后沿抖动消失后才能转入该键的处理程序。

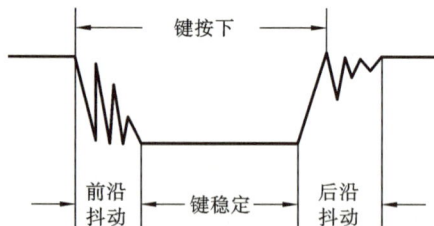

图 6-77　按键抖动状态图

（2）蜂鸣器。

① 蜂鸣器的分类。

开发板上常用的蜂鸣器分为有源蜂鸣器和无源蜂鸣器。

简单地说，有源蜂鸣器内部有音频发生器，只要蜂鸣器两端加上正电压，内部音频发生器就会工作，蜂鸣器就会响；蜂鸣器两端没有加电压，蜂鸣器就不会响。有源蜂鸣器有正负极，接的时候一定要注意。蜂鸣器实物上面标有＋的那一端为正极，同时长引脚的那一端为正极。

而无源蜂鸣器要想响，就需要加载音频电流，也就是说，如果用单片机去控制无源蜂鸣器发声，单片机就要自己产生一个音频信号给无源蜂鸣器的驱动电路。

② 蜂鸣器驱动电路。

开发板上搭载的是有源蜂鸣器，驱动电路原理图如图 6-78 所示。蜂鸣器的正极接到 V_{CC}（＋5 V）电源上面，蜂鸣器的负极接到 ULN2003 OUT7 引脚，当 BEEP 引脚输入高电平时，ULN2003 OUT7 引脚输出低电平，蜂鸣器发声；当 BEEP 引脚输入低电平时，ULN2003 OUT7 引脚输出高电平，蜂鸣器不发声；电容 C9 为退耦电容，起到抗干扰的作用。

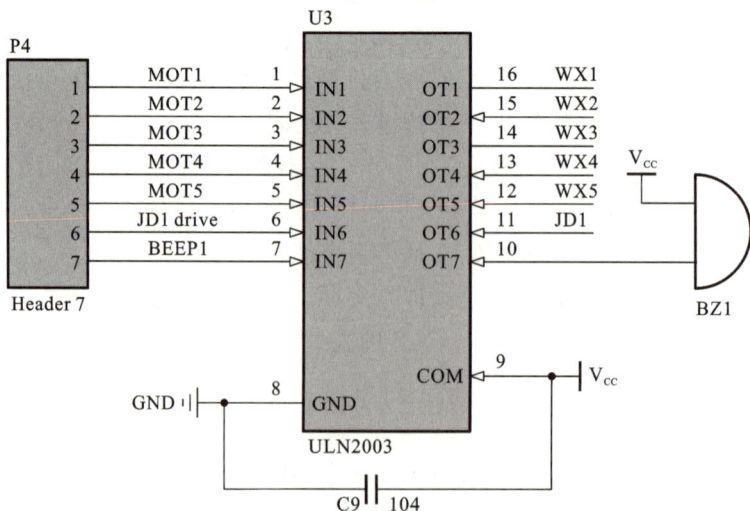

图 6-78　蜂鸣器驱动电路原理图

2）按键、蜂鸣器、继电器功能调试

（1）打开工程。

（2）编译工程。

（3）下载 HEX 文件到单片机。

（4）线路连接，如图 6-79 所示。

图 6-79　按键、蜂鸣器与继电器连接图

数码管的连接法：

① P1.0～P1.3 连接到 P13 的 SMG1～SMG4；

② P0 口与 P12 用跳线帽连接起来。

如果数码管的个十百千位颠倒，则把 P1.0～P1.3 顺序调一下。

独立按键的连接法：

① P2.4 连到 P17 独立对地插针，用来调整时；

② P2.5 连到 P17 独立对地插针，用来调整分。

③ 继电器的连接：

单片机 P3 口与 PCB 上的 P4 口双排针的第 5、6 组排针，用两个跳线帽连接起来。

④ DS18B20 的连接：

P10 插针的第 1 个脚用单根杜邦线连接到单片机的 P1.3 引脚上，插 DS18B20 元件时，注意方向。

DS18B20 信号输出的是 P10 插针的第 1 个脚，单根杜邦线连接到单片机的扩展插针 P1.3 处。

6. LCD1602 液晶屏功能调试

1）LCD1602 液晶屏基础知识

（1）LCD1602 引脚功能。

LCD1602 是字符液晶，用来显示字符。其内部有 5×7 和 5×10 的字符点阵字库；可以显示 2 行，每行 16 个字符。它的工作电压是 4.5～5.5 V，开发板用 5 V 供电。在

5 V 工作电压下测量它的工作电流是 2 mA，加上背光灯的话，LCD1602 总的电流在 20 mA 左右。

LCD1602 的接口电路如图 6-80 所示。

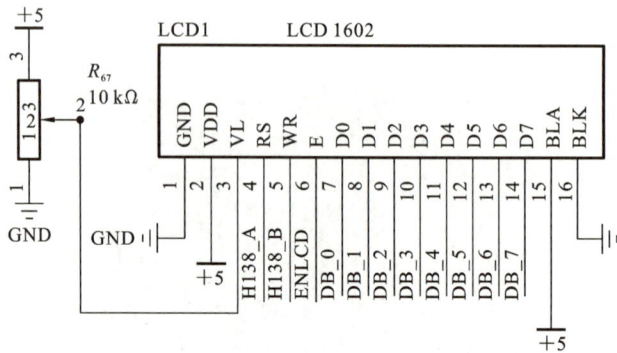

图 6-80　LCD1602 接口电路

LCD1602 采用标准的 16 脚接口，各引脚接口说明如表 6-19 所示。

表 6-19　LCD1602 引脚功能

编号	符号	引脚说明	编号	符号	引脚说明
1	GND	电源地	9	D2	数据
2	VDD	电源正极	10	D3	数据
3	VL	液晶显示偏压	11	D4	数据
4	RS	数据/命令选择	12	D5	数据
5	WR	读/写选择	13	D6	数据
6	E	使能信号	14	D7	数据
7	D0	数据	15	BLA	背光源正极
8	D1	数据	16	BLK	背光源负极

引脚功能说明如下。

第 1 脚：GND 为电源地。

第 2 脚：VDD 接 5 V 正电源。

第 3 脚：VL 为液晶显示器对比度调整端，接正电源时对比度最弱，接地时对比度最高，对比度过低时不能显示字符，使用时可以通过一个 10 kΩ 的电位器调整对比度。

第 4 脚：RS 为命令和数据寄存器选择，高电平时选择数据寄存器、低电平时选择指令寄存器。

第 5 脚：WR 为读/写控制信号线，高电平时进行读操作，低电平时进行写操作。

第 6 脚：E 端为使能端，当 E 端由高电平跳变成低电平时，液晶模块执行命令。

第 7～14 脚：D0～D7 为 8 位双向数据线。

第 15 脚：背光源正极，通常接在 V_{CC} 上。

第 16 脚：背光源负极，通常接在 GND 上。

（2）LCD1602 控制指令。

LCD1602 液晶模块内部的控制器共有 11 条控制指令，如表 6-20 所示。

表 6-20　LCD1602 控制指令

序号	指令	RS	WR	D7	D6	D5	D4	D3	D2	D1	D0
1	清显示	0	0	0	0	0	0	0	0	0	1
2	光标复位	0	0	0	0	0	0	0	0	1	*
3	设置输入模式	0	0	0	0	0	0	0	1	I/D	S
4	显示开/关控制	0	0	0	0	0	0	1	D	C	B
5	光标或字符移位	0	0	0	0	0	1	S/C	R/L	*	*
6	设置功能	0	0	0	0	1	DL	N	F	*	*
7	设置字符发生器 CGRAM/CGROM 地址	0	0	0	1	字符发生存储器地址					
8	设置数据存储器 DDRAM 地址	0	0	1	显示数据存储器地址						
9	读忙标志或地址	0	1	BF	计数器地址						
10	写数据到 CGRAM 或 DDRAM	1	0	要写的数据内容							
11	从 CGRAM 或 DDRAM 读数据	1	1	读出的数据内容							

LCD1602 控制指令说明如下。

LCD1602 液晶模块的读/写操作、屏幕和光标的操作都是通过指令编程来实现的。需要说明的是表 6-6 中 1 为高电平，0 为低电平。

指令 1：清显示，指令码 01H，清除液晶屏上的显示数据，光标复位到地址 00H 位置。

指令 2：光标复位，光标返回到地址 00H。指令码 02H。

指令 3：设置输入模式。

I/D＝1 表示读或者写一个字符后，指针自动加 1，光标自动加 1，I/D＝0 表示读或者写一个字符后，指针自动减 1，光标自动减 1；和指令 5 配合使用，来设置输入模式；S＝1 表示写一个字符后，字符不动，而整屏显示左移（I/D＝1）或右移（I/D＝0），以达到光标不移动而屏幕移动的效果，而 S＝0 表示写一个字符后，整屏显示不移动。

指令 4：显示开/关控制。D：控制整体显示的开与关，高电平表示开显示，低电平表示关显示；C：控制光标的开与关，高电平表示有光标，低电平表示无光标；B：控制光标是否闪烁，高电平闪烁，低电平不闪烁。

指令 5：光标或字符移位。S/C：高电平时移动显示的文字，低电平时移动光标。R/L 为高电平时，字符或者光标向右移动，R/L 为低电平时，字符或者光标向左移动。

指令6:设置功能。DL:低电平时为4位总线,高电平时为8位总线;N:低电平时为单行显示,高电平时为双行显示;F:低电平时显示5×7的点阵字符,高电平时显示5×10的点阵字符。

指令7:设置字符发生器CGRAM/CGROM地址。这分为两部分:一个是CGRAM,是供用户自己造字的8个字节的可擦写地址空间;另一个是保存了LCD1602自带的160个不同点阵字库。

指令8:设置DDRAM地址。这个指令用于设置要显示字符的位置。通常在显示字符前,都要先设置字符的显示位置,然后才把要显示的字符送到DDRAM中,LCD1602会自动在指定的位置开始显示字符。

指令9:读忙信号或地址。BF:为忙标志位,高电平表示忙,此时模块不能接收命令或者数据,如果为低电平则表示不忙。

指令10:写数据到CGRAM或DDRAM。写数据时,要先设置RS=1,WR=0,然后才能写数据。

指令11:从CGRAM或DDRAM读数据。

(3)LCD1602的读/写时序。

LCD1602的几种读/写时序如表6-21所示。

表 6-21　LCD1602 时序表

读状态	输入	RS=0,WR=1,E=1	输出	D0~D7=状态字
写指令	输入	RS=0,WR=0,D0~D7=指令码,E=高脉冲	输出	无
读数据	输入	RS=1,WR=1,E=1	输出	D0~D7=数据
写数据	输入	RS=1,WR=0,D0~D7=数据,E=高脉冲	输出	无

时序说明如下。

第一　读状态:RS=0,WR=1,E=1。

```
LCD1602_DB=0xFF;

LCD1602_RS=0;

LCD1602_RW=1;

do {

LCD1602_E=1;

sta=LCD1602_DB;          //读取状态字

LCD1602_E=0;             //读完撤销使能,防止液晶输出数据干扰 P0 总线

} while (sta & 0x80);
```

bit7 等于 1 表示液晶正忙,重复检测直到其等于 0 为止,这样就把当前液晶的状态字读到 sta 这个变量中。我们可以通过判断 sta 最高位的值来了解当前液晶是否处于"忙"状态,也可以得知当前数据的指针位置。如果当前读到的状态是"不忙",那么程序可以进行读/写操作,如果当前状态是"忙",还得继续等待重新判断液晶的状态;所以读完了状态,通常要把这个引脚拉低来释放总线。

第二 读数据：RS=1，WR=0，E=1。

读数据不常用，大家了解一下就可以了。

第三 写指令：RS=0，WR=0，D0～D7=指令码，E=高脉冲。

E=高脉冲，意思就是 E 使能引脚先从低拉高，再从高拉低，形成一个高脉冲。实际上写数据时，首先要保证 E 引脚是低电平状态，E 使能引脚从低电平到高电平变化，然后 E 使能引脚从高电平到低电平出现一个下降沿，LCD1602 液晶内部一旦检测到这个下降沿后，并且检测到 RS=0，WR=0，就马上来读取 D0～D7 的数据，完成单片机写指令过程。

第四 写数据：RS=1，WR=0，D0～D7=数据，E=高脉冲。

写数据和写指令是类似的，就是令 RS=1，把总线改成数据即可。

（4）LCD1602 的 RAM 和 ROM 地址。

① LCD1602 的 DDRAM 地址映射。

液晶显示模块是一个慢显示器件，所以在执行每条指令之前一定要确认模块的忙标志为低电平，表示不忙，否则此指令失效。显示字符时要先输入显示字符地址，也就是告诉模块在哪里显示字符，图 6-81 所示的是 LCD1602 的内部显示地址。

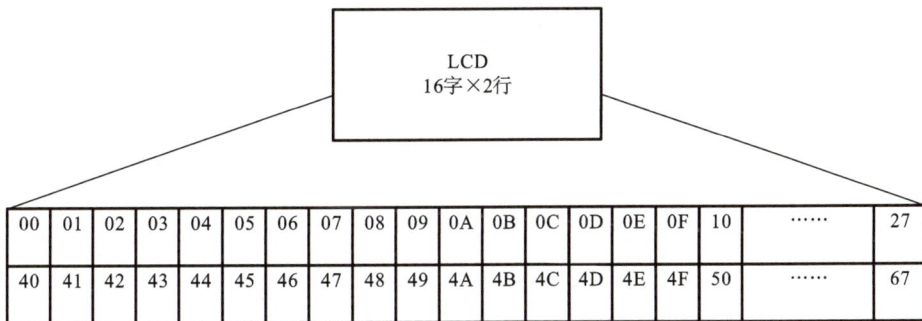

LCD 16字×2行																	
00	01	02	03	04	05	06	07	08	09	0A	0B	0C	0D	0E	0F	10	……	27
40	41	42	43	44	45	46	47	48	49	4A	4B	4C	4D	4E	4F	50	……	67

图 6-81 LCD1602 RAM 地址映射图

地址操作说明：例如，第二行第一个字符的地址是 40H，那么是否直接写入 40H 就可以将光标定位在第二行第一个字符的位置呢？这样不行，因为写入显示地址时要求最高位 D7 恒定为高电平 1，所以实际写入的数据应该是 01000000B（40H）＋10000000B（80H）＝11000000B（C0H）。

在对液晶模块的初始化中要先设置其显示模式，在液晶模块显示字符时光标是自动右移的，无需人工干预。每次输入指令前都要判断液晶模块是否处于忙的状态。

② 字符发生存储器 CGROM。

LCD1602 液晶模块内部的字符发生存储器（CGROM）已经存储了 160 个不同的点阵字符图形，如图 6-82 所示。

这些字符有阿拉伯数字、英文字母的大小写、常用的符号和日文假名等，每一个字符都有一个固定的代码，如大写的英文字母"A"的代码是 01000001B（41H），显示时模块通过地址 41H 可以找到 A 对应的点阵字符图形，送到液晶屏进行显示，我们就能看到字母"A"。

图 6-82 LCD1602 内部 CGROM 图

其实这个地址码和 PC 中字符对应的 ASCⅡ码是一样的。因此，显示时只需往液晶屏的 DDRAM 中送入字符的 ASCⅡ码，字符就会显示在液晶屏上。

③ 自造字符存储器 CGRAM。

这部分内容将在后面介绍 LCD1602 显示简单汉字应用程序设计中介绍。

2）LCD1602 液晶屏功能调试

（1）打开工程。

（2）编译工程。

（3）下载 HEX 文件到单片机

（4）插上液晶屏。

注意：当使用 LCD1602 液晶屏时，屏幕向外。

LCD1602 功能测试效果如图 6-83 所示。

图 6-83 LCD1602 功能测试效果

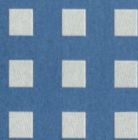

项目七　电子测量技术

学习任务一　电子测量技术简介

7.1.1　电子测量概述

1. 电子测量的概念

电子测量是以电子技术理论为依据,利用电子测量仪器或设备进行的测量过程。它涵盖了光、电、磁、工程、机械、力学等广阔领域,包括电量和非电量。这里重点研究的是与电学相关的参数,如电压、电流、功率等。

2. 电子测量的内容

电子测量的内容包括以下几个方面:
(1)电能量的测量,包括电流、电压、功率等;
(2)电信号波形特征的测量,包括频率、周期、时间、相位等;
(3)电路性能方面的测量,包括放大倍数、衰减量、灵敏度等;
(4)电子元器件和电路参数的测量,包括电阻、电容、电感、半导体材料、品质因数等。

3. 电子测量的特点

电子测量具有如下几个显著的特点。
(1)测量准确度高。
随着电子元器件生产工艺的进一步提高,电子测量仪器的测量准确度也达到了一个新的高度。例如,长度测量的最高准确度可以达到 10^{-8} 量级;时间和频率的测量,采用了原子频标(原子秒)作为基准,现在测量的准确度可以达到 10^{-13} 量级。

（2）量程宽。

量程是测量范围的上限值和下限值之差。现在的电子测量仪器的量程可以做到很宽,如数字万用表,测量电阻的量程可以达到 $10^{-2} \sim 10^{9}$ Ω；一台高灵敏度的数字电压表,可以测量出 10 nV～100 kV 的电压,量程可以达到 11 个数量级;而现在的频率计,其测量量程更是可以达到 17 个数量级。

（3）测量速度快。

电子测量是通过电子运动来进行工作的,因而可以实现高速测量,这是其他测量方法无法比拟的。在现代科学技术中,许多物理过程都是瞬息变化的,没有高速的测量,要控制和掌握这些过程是不可能的。同时,也只有高速测量,才能使测量的条件基本维持不变,有利于利用平均值来减小测量误差。

（4）测量方法灵活多变。

在电子技术中,很多电量之间是相互关联的,这样在电子测量中经常会相互转换,人们可以根据不同的测量对象、不同的测量要求,以及现有的测量仪器,以不同的方法将被测量转换成较容易测量的量,尽可能地完成测量任务。例如,通过传感器,可以将非电量(如热力学的物理量)转换为电量(如电压、电流、功能、频率等),完成采用其他手段不能直接完成的任务。在电子测量中,常用的转换技术有分频、倍频、检波、D/A 等。

（5）可以实现遥测。

由于电磁波在电子测量技术中的深入应用,现在的电子测量已经可以实现遥测遥控,这就是所谓的"远距离"测量,如人造卫星、导弹、远洋等。这种遥测,具有测量地点、时间可灵活多变等优点,已在各领域得到了广泛的应用。

（6）测量自动化。

近 20 年来,电子测量仪器和计算机接口技术飞速发展,使得电子测量已经可以实现智能化、自动化,特别是新型接口系统的出现及应用,使得智能仪器、自动测试系统、虚拟仪器等现代电子测量技术得到了不断发展和完善,使它广泛应用于自然科学的各个领域。

4. 电子测量的分类

电子测量主要有以下几种分类方式。

1）按测量手段分类

（1）直接测量:在测量过程中,能够直接将被测量与同类标准量进行比较,或能够用测量仪器对被测量进行测量,直接获得数值的测量方法称为直接测量。

（2）间接测量:当被测量由于某种原因不能直接测量时,可以通过测量与被测量有一定关系的物理量,然后通过计算获得被测量的数值,这种间接获得测量结果的测量方法称为间接测量。

（3）组合测量:当某项测量结果需要用多个未知参数表达时,可通过改变测量条件进行多次测量,根据函数关系列出方程组求解,从而得到未知量的测量,称为组合测量。

2)按测量方式分类

(1)直读法:能够直接从仪表刻度盘或显示器上读取被测量数值的测量方法,称为直读法。

(2)比较法:将被测量与标准量在比较仪器中直接比较,从而获得被测量数值的方法,称为比较法。

3)按测量性质分类

(1)时域测量:也称为瞬时测量,主要是测量被测量随时间变化的规律。例如,用示波器观察脉冲信号的上升沿、下降沿、平顶降落等脉冲参数以及动态电路的暂态过程。

(2)频域测量:也称为稳态测量,主要目的是获取待测量与频率之间的关系。例如,用频谱分析仪分析信号的频谱;测量放大器的幅频特性、相频特性等。

(3)数据域测量:也称为逻辑量测量,主要是对数字信号或电路的逻辑状态进行测量,如用逻辑分析仪等设备测量计数器的状态。

(4)随机测量:也称为统计测量,主要是对各类噪声信号进行动态测量和统计分析。这是一项新的测量技术,尤其在通信领域有着广泛应用。

7.1.2　电子测量的基本程序

电子测量的对象不同,测量步骤也不相同,但是基本程序却是相同的,即首先做好测量前的准备工作,然后完成测量任务,最后做好测量完成后的收尾工作。

1. 测量前的准备工作

为了避免测量的盲目性,使测量过程有条不紊地进行,每次测量工作都要做好以下几方面的准备:

(1)仔细阅读测量资料,了解测量任务;

(2)搜集有关理论知识,认真设计测试方案;

(3)拟好测试步骤;

(4)掌握所用仪器的使用方法;

(5)准备好记录用的表格。

2. 完成测量任务

(1)依据测量方案,连接线路(注意先连接主电路,检查无误后再连接电源)。

(2)记录数据,分析数据,完成测量任务。

3. 测量完成后的收尾工作

(1)测量完成后,先关闭电路电源,然后从后往前逐级拆除连线(注意:如果测量电路中有电流计,一定要先拆除电流计的连线,再拆除其他连线)。

（2）测量完毕后，仪器仪表一定要关闭电源，并将挡位旋钮旋转至规定位置。

（3）做好操作台的清洁工作。

学习任务二 测量误差及误差处理

7.2.1 测量误差

1. 测量误差的基本概念

测量的目的就是要获得被测量的真实大小，这个值在理论上称为真值，这个值是真实存在的，也是唯一的。但是，在实际测量过程中所获得的测量值总是跟真值不一致，或大或小，这样就形成一个差值，将这个差值称为测量误差，即

$$测量误差＝测量值－真值$$

因为测量误差的存在，所以在测量过程中如何减小测量误差就成为完成测量任务的重要保障。

2. 测量误差的来源

测量误差的来源，归纳起来有如下几个方面。

1）测量环境误差

任何测量都有一定环境条件，如温度、湿度、大气压、机械振动、电源波动、电磁干扰等。测量时，由于实际的环境与要求的环境不一致，就会产生测量误差，这种测量误差就称为测量环境误差。

2）测量仪器误差

在测量中，对所使用的测量仪器的性能指标是有一定技术要求的，在实际测量中，测量仪器会因安装、调整、接线不符合要求，其性能指标达不到要求；有的因为使用不当，或内部噪声、元器件老化等原因，也都会引起测量误差，这种测量误差就称为测量仪器误差。

3）测量方法误差

由于测量方法不合理或不完善，测量所依据的理论不严谨等，也会产生测量误差，这种误差就称为测量方法误差。例如，用电压表测量电压时，由于没有正确估计电压表的内阻而引起的误差；用近似公式、经验公式或简化的电路模型作为测量依据而引起的误差；通过测量圆的半径来计算其周长，因所用圆周率 π 为近似值而引起的误差，这些都是测量方法误差。

4）测量人员误差

由于测量人员的操作经验、知识水平、素质条件的差异，操作人员的责任感不强、操

作不规范和疏忽大意等原因,也会产生测量误差,这种测量误差就称为测量人员误差。

3. 误差的表示方法

误差常用的表示方法有三种:绝对误差、相对误差和引用误差。

1) 绝对误差

绝对误差的定义为被测量的测量值 X 与真值 A_0 之差,通常取绝对值,即

$$\Delta x = |X - A_0| \tag{7-1}$$

式中:Δx 表示绝对误差;X 表示测量值,习惯上也称为示值;A_0 表示真值。

绝对误差具有与被测量相同的单位。由于被测量的真值 A_0 往往无法得到,因此常用实际值 A(一般用多次测量的平均值代替,以下相同)来代替真值 A_0,因此有:

$$\Delta x = X - A \tag{7-2}$$

在校准仪表和对测量结果进行修正时,常常使用的是修正值。修正值用来对测量值进行修正。修正值 C 定义为

$$C = A - X = -\Delta x \tag{7-3}$$

修正值的值为绝对误差的负值。测量值加上修正值等于实际值,即 $X + C = A$。通过修正,使测量结果得到更准确的数值。

2) 相对误差

相对误差用 γ 表示,其定义为绝对误差 Δx 与真值 A_0 的比值,用百分数来表示,即

$$\gamma = \frac{\Delta x}{A_0} \times 100\% \tag{7-4}$$

由于实际测量中真值无法得到,因此可用实际值 A 代替真值 A_0 来计算相对误差。用实际值 A 代替真值 A_0 来计算的相对误差称为实际相对误差,用 γ_A 来表示,即

$$\gamma_A = \frac{\Delta x}{A} \times 100\% \tag{7-5}$$

用测量值 X 代替真值 A_0 来计算的相对误差称为示值相对误差,用 γ_B 来表示,即

$$\gamma_B = \frac{\Delta x}{X} \times 100\% \tag{7-6}$$

在实际中,因测量值 X 与实际值 A 相差很小,故 $\gamma_A \approx \gamma_B$,一般 γ_A 与 γ_B 不加以区别。

3) 引用误差

绝对误差和相对误差仅能表明某个测量点的误差。实际上测量仪表往往可以在一个测量范围内使用,为此用引用误差来表征测量仪表的精确程度。

引用误差用 γ_m 表示,定义为绝对误差 Δx 与测量仪表量程 B 的比值,用百分数表示,即

$$\gamma_m = \frac{\Delta x}{B} \times 100\% \tag{7-7}$$

测量仪表的量程 B 是指测量仪表测量范围的上限 x_{max} 与测量范围下限 x_{min} 之差。

4. 测量误差分类

测量误差产生的原因有很多,这样测量误差分类方法也就有很多,具体分类方法

如下。

（1）按误差性质和特点，测量误差可分为三类，即系统误差、随机误差、粗大误差。

① 系统误差。

在相同的条件下，对同一被测量进行多次重复测量时，所出现的数值大小和符号都保持不变的误差，或者在条件改变时，按某一确定规律变化的误差，称为系统误差。系统误差的主要特征是规律性。

② 随机误差。

在相同的条件下，对同一被测量进行多次重复测量时，所出现的数值大小和符号都以不可预知的方式变化的误差，称为随机误差。随机误差的主要特征是随机性。

③ 粗大误差。

测量值明显偏离真值所对应的误差，称为粗大误差。

在实际测量中，系统误差和随机误差之间不存在明显界限，两者在一定条件下可相互转化。对某项具体误差，在一定条件下为随机误差，而在另一条件下可为系统误差，反之亦然。

（2）按测量条件，测量误差可分为基本误差和附加误差。

① 基本误差。

任何测量仪器仪表都有一个正常的使用环境要求，仪器仪表在规定使用条件下所产生的误差，称为基本误差。

② 附加误差。

在实际工作中，由于外界条件变动，使测量仪表不在规定使用条件下工作，这将产生额外的误差，这个额外的误差称为附加误差。

（3）按被测量随时间变化的速度，测量误差可分为静态误差和动态误差。

① 静态误差。

在测量过程中，被测量变化稳定，所产生的误差称为静态误差。

② 动态误差。

在测量过程中，被测量随时间发生变化，所产生的误差称为动态误差。

在实际的测量过程中，被测量往往是在不断地变化的。当被测量随时间的变化很缓慢时，这时所产生的误差也可认为是静态误差。

7.2.2　测量误差处理

不同的测量误差对测量结果的影响是不同的，对其处理的方式也不相同，这里我们主要分析系统误差、随机误差和粗大误差的处理。

1. 系统误差的处理

1）系统误差产生的原因

系统误差产生的原因是比较复杂的，它可能是由一个或多个原因引起的，一般主要是测量仪器误差、环境误差等原因造成的。系统误差对测量过程的影响不易发现,因此首先应当对测量仪器、测量对象和测量数据进行全面分析,检查和判定测量过程是否存在系统误差。若存在系统误差,则应设法找出产生系统误差的根源,并采取一定的措施来消除或减小系统误差对测量结果的影响。

分析产生系统误差的根源,一般可从以下四个方面着手:

(1) 所采用的测量仪器是否准确可靠;

(2) 所应用的测量方法是否完善;

(3) 测量仪器的安装、调整、放置等是否正确合理;

(4) 测量仪器的工作环境条件是否符合规定条件。

2) 系统误差的处理

(1) 从产生系统误差的根源上消除系统误差。

从产生系统误差的根源上消除系统误差,这是最根本的方法。在测量前,测量人员要详细检查测量仪器,正确安装测量仪器,并把测量仪器调整到最佳状态。在测量过程中,应防止外界干扰的影响,尽可能减少产生系统误差的环节。

(2) 在测量结果中利用修正值消除系统误差。

对于已知的系统误差,通过对测量仪器的标定,事先求出修正值,实际测量时,将测量值加上相应的修正值就可以得到被测量的实际值,以消除或减小系统误差。对于变值系统误差,设法找出系统误差的变化规律,给出修正曲线或修正公式,实际测量时,用修正曲线或修正公式对测量结果进行修正,使系统误差的影响被大大削弱。

2. 随机误差的处理

1) 随机误差产生的原因

随机误差是在测量过程中,因存在许多独立的、微小的随机影响因素,对测量造成干扰而引起的综合结果。由于这些微小的随机影响因素很难把握,一般也无法进行控制,因而对随机误差不能用简单的修正值来校正,也不能用实验的方法来消除。

单个随机误差的出现具有随机性,即它的大小和符号都不可预知,但是,当重复测量次数足够多时,随机误差的出现遵循统计规律。

2) 随机误差的处理

根据统计学和概率论可知,服从正态分布的测量值 x 无限接近于被测量的真值 A,这就是说,想要通过测量得到被测量的真值,就必须做无限次测量,才可以最终接近真值,这在实际上是无法做到的,但是当测量次数 $n \to \infty$ 时,测量值的算术平均值会接近被测量的真值,因此可以认为测量值的算术平均值是接近于真值的近似值。

n 次测量值的算术平均值公式为

$$\bar{x} = \frac{x_1 + x_2 + \cdots + x_n}{n} = \frac{1}{n}\sum_{i=1}^{n} x_i$$

由于随机误差具有抵偿性,当测量次数 $n \to \infty$ 时,测量值与真值的误差 δ 有

$$\lim_{n \to \infty}\sum_{i=1}^{n} \delta_i = 0$$

故有

$$\lim_{n \to \infty} \overline{x} = A$$

3. 粗大误差的处理

1）粗大误差产生的原因

明显地偏离真值的测量值所对应的误差，称为粗大误差。粗大误差的产生，有测量操作人员的主观原因，如读错数、记错数、计算错误等，也有客观外界条件的原因，如外界环境突然变化等。

2）粗大误差的处理

含有粗大误差的测量值称为坏值。测量中如果混杂有坏值，必然会歪曲测量结果。

对粗大误差的处理原则是：根据 $\overline{x}$ 的大小对可疑值作出判断，对确认的坏值予以剔除。

学习任务三　有效数字处理

在进行各种测量和数字计算时，应该用几位数字来表示测量结果和计算结果，这是一个不容忽视的问题。在记录数据过程中，不能认为小数点后面的位数越多就越准确，因为大多数测量值和计算结果均是近似数（与准确数相近的数），其中包含有误差，其准确度就受到一定的限制。下面就测量结果的有效数字和近似数的运算中存在的问题作简单介绍。

7.3.1　有效数字

1. 有效数字的概念

当用一个数来表示某个量的量值时，从该数左起第一个非零数字起到最末一位数字止，都称为有效数字。显然，在一个数的有效数字中，仅最末一位数字是欠准确的（称为可疑数字），其余数字都是准确的。

一个数的全部有效数字所占有的位数称为该数的有效位数。

对于"0"这个数字，可能是有效数字，也可能不是有效数字。"0"是否是有效数字的判定准则是：处于数中间位置的"0"是有效数字；处于第一个非零数字前的"0"不是有效数字；处于数后面位置的"0"则难以确定，这时应采用科学计数法。

2. 有效位数判定准则

测量和数据处理过程中，数据应取多少位有效数字，应根据下述有效位数判定准则来确定：

（1）对不需要标明误差的数据,其有效位数应取到最末一位数字为可疑数字。

（2）对需要标明误差的数据,其有效位数应取到与误差同一数量级。

（3）算术平均值及数据处理过程中,数据的有效位数与所标注的误差同一数量级。

3. 数据修约

在对数据判定应取的有效位数以后,就应当把数据中的多余数字舍弃进行修约。为了尽量减小因舍弃多余数字所引起的误差,应按有效数字修约原则进行修约。数据修约的基本原则是:4 舍 6 入 5 凑偶。具体做法是:

（1）若要保留的有效数字的后一位数字小于 5,则将其舍弃（即 4 舍）。

例如,6.28721 取 4 位有效数字为 6.287（有效数字末位 7 后面的 2 因小于 5,则舍弃）。

（2）若要保留的有效数字的后一位数字大于 5,则将要保留的末位数字加 1（即 6 入）。

例如,6.28271 取 4 位有效数字为 6.283（有效数字末位 2 后面的 7 因大于 5,则 2 就进位,变成 3）

（3）若要保留的有效数字的后一位数字是 5,则要按不同情况区别对待:

① 若 5 前面的数字为奇数,则将应保留部分的末位数字加 1,使有效数字末位成为偶数（即 5 凑偶）;

例如,6.28151 取 4 位有效数字为 6.282（有效数字末位 1 后面是 5,而 5 前面是奇数 1,则有效数字末位 1 进位,变成 2）。

② 若 5 前面的数字是偶数,则末位数字不变。

例如,6.28252 取 4 位有效数字为 6.282（有效数字末位 2 后面是 5,2 是偶数,则有效数字末位 2 不变）。

（4）要一次性修约,而不能逐位修约。

7.3.2 近似数运算

1. 近似数运算

在各种有效数字运算中,数据的有效位数的确定应按以下几条准则来判定:

（1）多项有效数字的加、减运算,应以数据中有效数字末位数的数量级最大者为准,其余各数均向后多取一位有效数字,项数过多时可向后多取两位有效数字,最终结果的有效数字末位数的数量级应该与有效数字末位数的数量级最大者一致。

例如,求 2643.0＋987.7＋4.187＋0.2354,有

$2643.0＋987.7＋4.187＋0.2354≈2643.0＋987.7＋4.19＋0.24＝3635.13≈3635.1$

（2）有效数字进行乘、除运算,应以数据中有效位数最少者为准,其余各数多取一位有效数字,最终结果的有效位数应该与有效位数最少者一致。

例如,求 15.132×4.12,有

$$15.132 \times 4.12 \approx 15.13 \times 4.12 = 62.3356 \approx 62.3$$

（3）对一个有效数字进行开方或乘方运算时，所得结果的位数应与原数的有效位数相等。

（4）进行有效数字对数运算时，所取对数的位数应与真值的有效位数相等。

在对有效数字进行运算时，按上述准则来确定参与运算的数据和计算结果的有效位数，既可提高运算速度，又能保证计算结果的准确度。

1. MCU 小系统电路

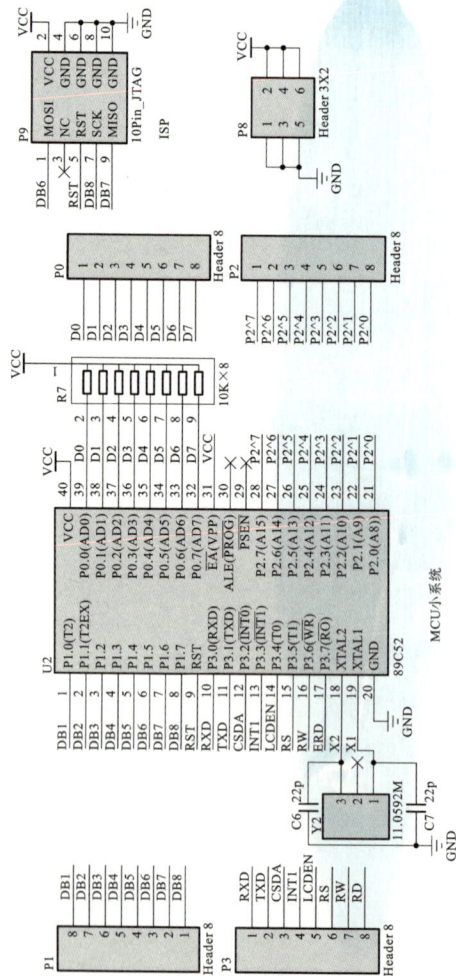

2. 电源电路

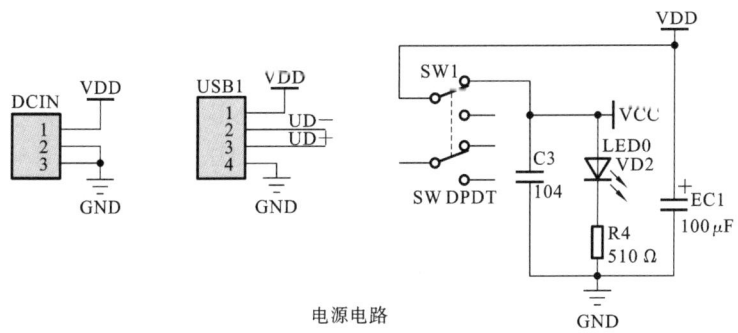

电源电路

3. USB 转串口下载电路

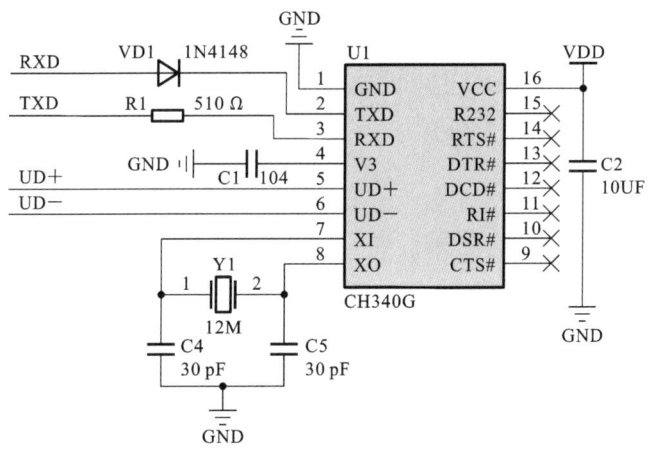

USB转串口下载电路

4. 数码显示电路

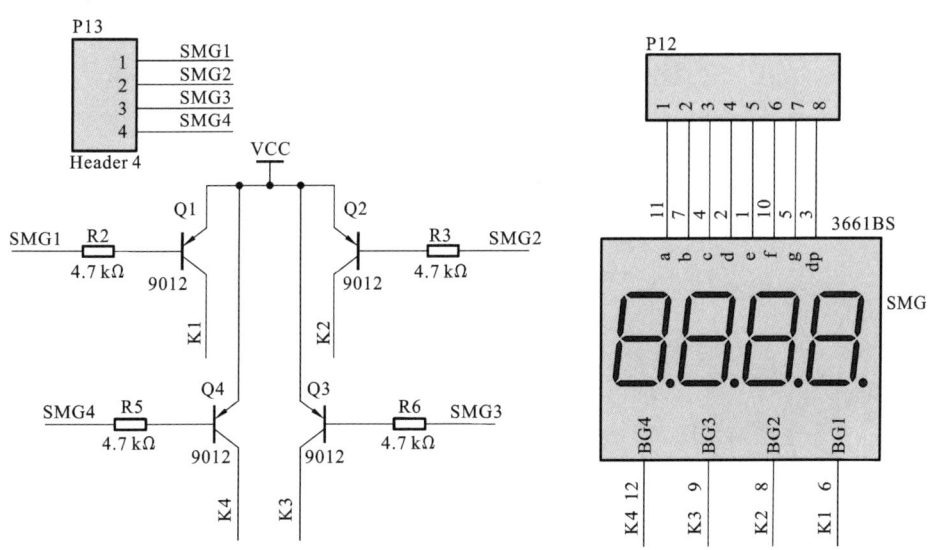

数码管显示

5. 液晶显示电路

LCD1602接口

LCD12864接口

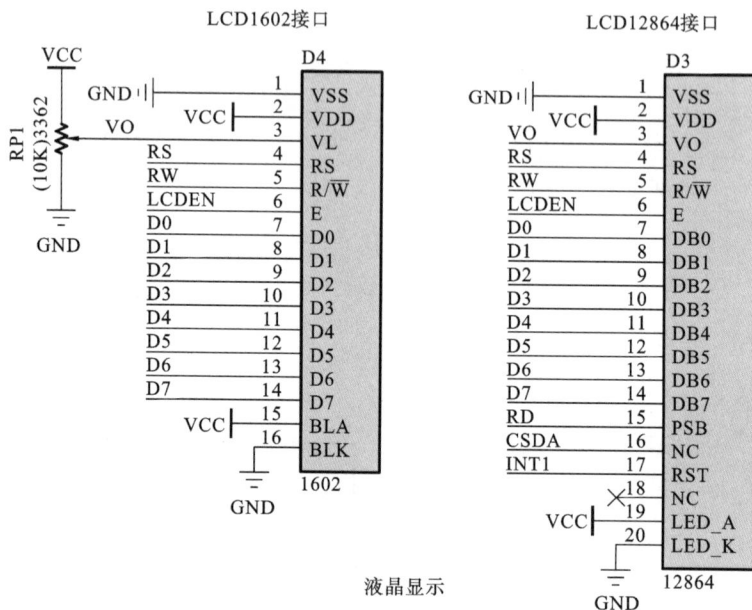

液晶显示

6. 流水灯

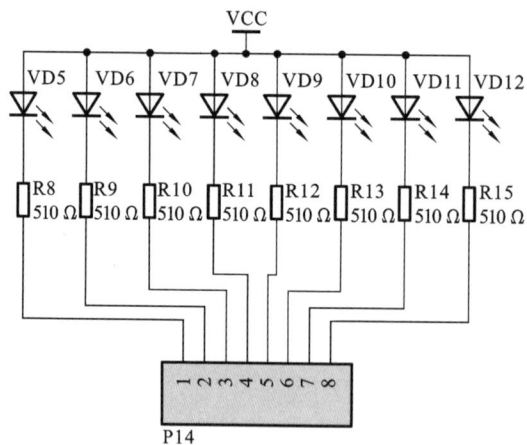

流水灯

7. 矩阵按键

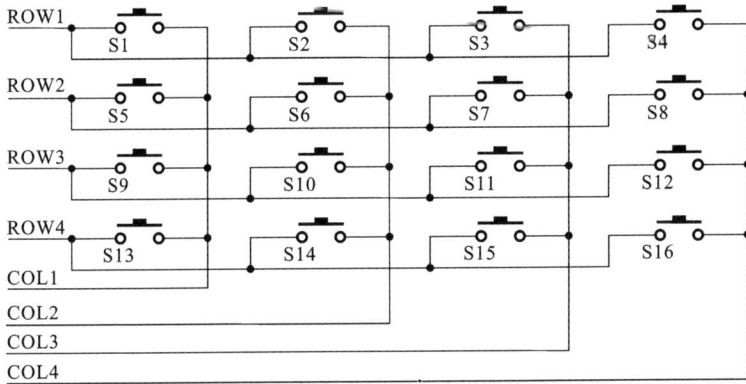

矩阵按键

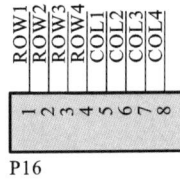

P16

8. 复位电路

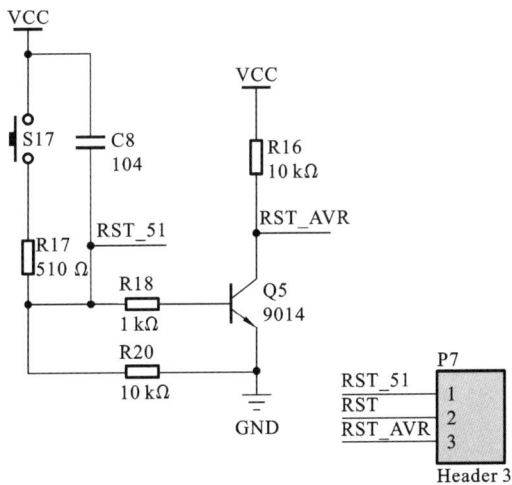

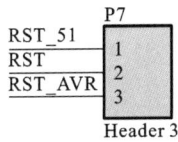

复位电路

9. ULN2003 驱动电路

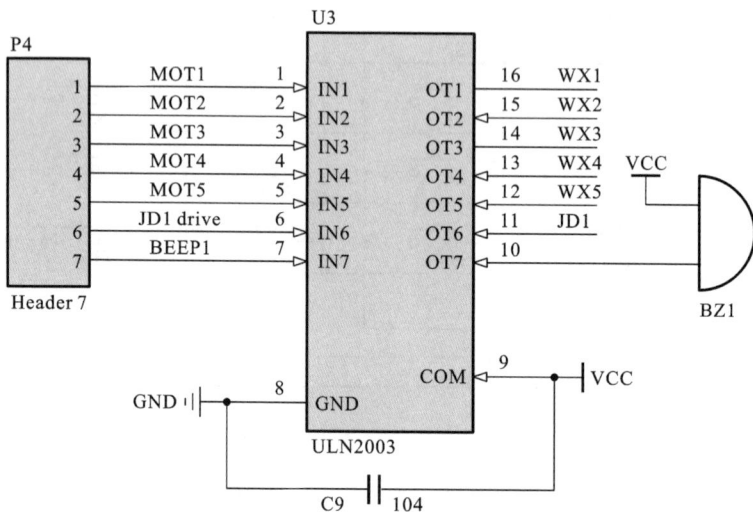

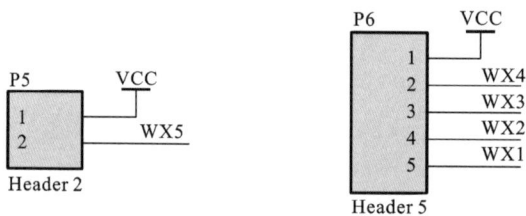

ULN2003驱动电路

10. 红外发射、红外接收电路

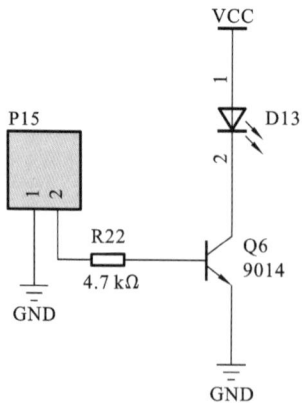

红外发射

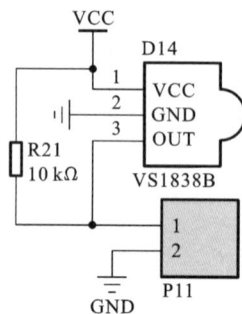

红外接收

11. 继电器和温度检测电路

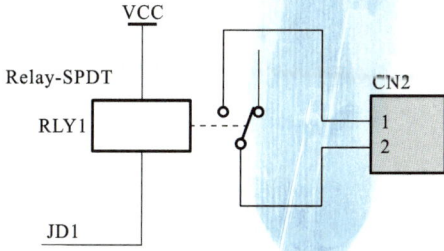

继电路电路

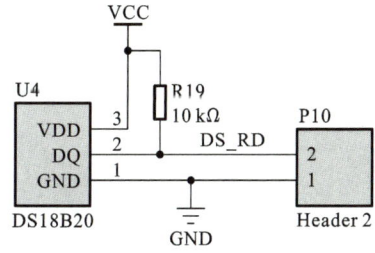

温度检测

12. 独立按键电路

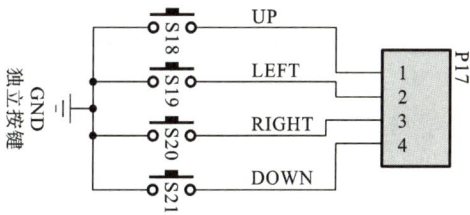

参考文献

[1] 王建华.汽车电工电子技术基础实验实训指导书[M].武汉:华中科技大学出版社,2015.

[2] 卢厚元.电子技术实践[M].北京:电子工业出版社,2017.

[3] 牛百齐,周新红,王芳.电子产品工艺与质量管理[M].2版.北京:机械工业出版社,2018.

[4] 牛百齐,万云,常淑英.电子产品装配与调试项目教程[M].北京:机械工业出版社,2016.

[5] 刘国林,殷贯西.电子测量[M].北京:机械工业出版社,2003.

[6] 谢忠福.电子元器件基础教程[M].武汉:武汉大学出版社,2012.